MONITORING ON PHENOLOGY CHANGES OF GRASSLAND VEGETATION AND RESEARCH ON THE CLIMATE-DRIVEN MECHANISM

草原植被物候变化监测及其气候驱动机理分析

范德芹　赵学胜　朱文泉　孙文彬　著

北京理工大学出版社
BEIJING INSTITUTE OF TECHNOLOGY PRESS

图书在版编目（CIP）数据

草原植被物候变化监测及其气候驱动机理分析/范德芹等著．—北京：北京理工大学出版社，2021.4

ISBN 978－7－5682－9721－9

Ⅰ．①草…　Ⅱ．①范…　Ⅲ．①草地植被－研究　Ⅳ．①S812.8

中国版本图书馆CIP数据核字（2021）第067465号

出版发行／北京理工大学出版社有限责任公司
社　　址／北京市海淀区中关村南大街5号
邮　　编／100081
电　　话／（010）68914775（总编室）
　　　　　（010）82562903（教材售后服务热线）
　　　　　（010）68948351（其他图书服务热线）
网　　址／http：//www.bitpress.com.cn
经　　销／全国各地新华书店
印　　刷／三河市华骏印务包装有限公司
开　　本／710毫米×1000毫米　1/16
印　　张／10.5
字　　数／162千字
版　　次／2021年4月第1版　2021年4月第1次印刷
定　　价／78.00元

责任编辑／刘　派
文案编辑／李丁一
责任校对／周瑞红
责任印制／李志强

前 言

近年来，全球气候已经发生了不可忽视的变化，对生态系统、能量循环、自然环境等造成了显著影响。物候作为沟通气候演变和生态系统变迁之间的桥梁，其变化直观反映甚至预示了气候变化情况，在生态研究、气候变化、环境保护等领域受到了越来越多的重视。由于草原植被的生理结构特征与树木存在明显差异，使得草原植被对气候变化的敏感度更高；加之我国天然草原主要分布在青藏高原、内蒙古高原等区域，属温带、亚寒带气候，具有空间跨度广、四季气温变化剧烈、降水量少而不匀、受人为干扰相对较少等显著特点，进一步使得这些地区的草原植被对自然条件、气候波动更为敏感。鉴于此，研究草原植被的物候变化，具有重要的现实意义。

随着科技的进步和研究的深入，草原物候研究方法呈现出尺度逐渐拓展、精度逐渐提升、机理逐渐深化的特点。地面物候观测方法是最早发展起来的物候研究方法，主要在物种水平上描述并记录物候特征。随着遥感技术的普及和传感器功能的增强，遥感监测方法获得了长足发展，物候研究的空间尺度得以大幅拓展，在群落甚至生态系统水平上的物候研究得以实现。随着数码相机和数字图像处理技术的发展，数字相机监测方法逐渐兴起，可针对感兴趣区域进行重点监测，物候研究的时间分辨率和空间分辨率获得显著提高，从而为验证遥感监测结果、实现从物种水平向群落水平的尺度拓展创造了良好条件。随着物候观测数据的日益丰富和完善，物候研究逐渐从量变向质变过渡，研究者开始基于表象探究植被发育的内在机理以及气候要素的驱动过程，从机理层面阐释物候变化机制并借此预测物候演变，模型模拟方法成为近年来物候研究的热点和难点。

尽管草原物候研究手段日渐丰富，但除地面观测方法外，其他各种研究方法尚未完全成熟，加之各种方法之间的关联性尚不完备，导致物候研究仍处于困难重重的境地。例如，地面观测结果受人为主观因素影响较大；遥感监测受到像元纯度、植被覆盖度、原始数据精度、反演方法精度等影响，物候辨识结果的不确定度较高；数码相机监测由于其波段较少、波谱分辨率较低，对不同种类植被物候的辨识度存在差异；草原物候的气候驱动机理复杂、适用于不同植被和广阔区域的模型构建及其有效验证难度较大。上述因素共同导致了草原物候研究者尤其是初级研究者容易陷入“横看成岭侧成峰”的困惑，很难对草原物候变化进行全局把握和深入理解。

出于上述考虑，作者遵循“先分析再综合、由表象到机理、从理论到实践”的思路，撰写了本书，对既往研究成果进行了梳理和凝练，试图对草原物候研究的基本原理、基础细节、验证要点、通用方案等作出系统阐释和详尽示范，以期为相关领域的研究工作者提供参考，为新进研究人员提供助力。

本书共分为八章，主要内容如下：

第一章：植被物候研究概述。介绍了草原植被物候的基本概念、草原植被物候研究的意义、植被物候监测方法的现状及发展趋势。

第二章：植被物候监测数据与预处理。介绍了植被物候监测的主要数据源，并介绍了遥感植被指数数据的去噪重建方法和相关的实例。

第三章：植被物候的遥感识别方法。阐述了植被物候的遥感识别方法，主要包括植被指数时序数据的拟合和物候期的求取。

第四章：植物物候的模型模拟方法。介绍了常见的植物物候模型，主要介绍基于温度和降水数据建立物候模型时对发育过程的不同理解及其数学表达。

第五章、第六章、第七章和第八章：分别以内蒙古羊草草原和青藏高原高寒草甸为例，阐述了草原植被返青期和黄枯期的遥感识别方法及其地面验证方法；结合地面、遥感、气象数据，建立了青藏高原小嵩草高寒草甸植被的物候模型，并据此对其返青期变化气候驱动机理进行了分析。

本书可作为地理信息科学、遥感科学与技术和生态学相关专业研究生和技术人员的学习参考书。

本书由范德芹、赵学胜、朱文泉和孙文彬著。本书撰写期间得到了国家自然科学基金（国家自然科学基金青年基金项目 NO. 41601456、国家自然科学基金面上基金项目 NO. 41671394 和 NO. 41671383、国家自然科学基金重点项目 NO. 41930650）的资助。在撰写过程中，中国科学院地理科学与资源研究所郑周涛、中国科学院青藏高原研究所博士后姜楠、中国矿业大学（北京）博士生邱玥完成了部分编写工作，在此表示诚挚的感谢!

由于作者水平有限，不足之处在所难免，敬请广大读者批评指正。

范德芹

2021 年 3 月 16 日

目　录

1

第一章　植被物候研究概述

1.1　草原植被物候研究的意义

物候是动植物发育或生活周期随季节变化的现象，如植物的发芽、开花、落叶，动物的迁移、繁殖等（Rathcke 和 Lacey，1985）。物候对于研究全球气候变化具有非常重要的意义（Schwartz，1998；Menzel 和 Fabian，1999），是表征全球气候变化的一项独立证据（Rosenzweig 等，2007）。植物物候对气候变化的响应表明（Post 和 Stenseth，1999；Peñuelas 等，2002；Menzel 等，2006），长时间、大尺度的物候观测结果可在时空上反映气候变化（Roetzer 等，2000），尤其是温度的变化（Myneni 等，1997；White 等，1997）。植物物候随着全球气温升高已经产生了变化（Schwartz 等，2006；Zhu 等，2012），这些变化同时导致了植被生产力、群落和生态系统、土壤—植被—大气系统之间能量和水分交换的变化（Piao 等，2008；Richardson 等，2010；Dragoni 等，2011）；这些变化反过来又会影响和加剧气候变化（Badeck 等，2004；Peñuelas 等，2009）。因此，植物物候研究不仅有助于增进植被对气候变化响应的理解，而且对提高气候—植被之间物质与能量交换的模拟精度、准确评估植被生产力与全球碳收支具有重要意义（Walther 等，2002）。

草地资源是全球陆地绿色植物资源中面积最大的再生性自然资源，是发展畜牧业的物质基础。草地是陆地生态系统的重要组成部分，也是我国分布最广的陆地生态系统类型之一。我国天然草原面积达 3.928 亿公顷，占全球草原面积 12%，居世界第一。我国天然草原面积仅次于森林，占国土面积的 41.7%。2017 年全国天然草原鲜草总产量 10.65 亿吨，较上年增加 2.53%；全国天然草原鲜草总产量连续 7 年超过 10 亿吨，实现稳中有增。2017 年全国草原综合植被盖度达 55.3%，较 2011 年提高 4.3 个百分点。党的十八大以来，我国强化草原合理利用，加强生态建设，实施生态奖补。2017 年全国重点天然草原的家畜平均超载率为 11.3%，较 2010 年降低 18.7 个百分点（人民网，2018）。通过对草原植被长势和物候的监测，及时了解草原植被的生长状况，可以掌握气候变化、自然灾害以及病虫害等引起的植被长势变化，合理估算产草量，为草原生态系统的研究与管理提供有价值的信息，有效指导农牧业生产（侯英雨等，2005）。天然草原植被的物候变化与全球气候变化关系密切，在自然生态平衡与人类活动中发挥着重要的作用，它不仅能够反映区域气候的变化，也进一步反过来影响气候的变化，因此，研究草原植被物候的变化具有重要意义（Scurlock 和 Hall，1998；谢高地等，2001；符瑜和潘学标，2011）。

1.2 植被物候监测方法

植被物候监测主要是指通过各种方法和手段监测植被物候受其主要的生物因子（Rabinowitz 等 1981；Lack，1982；Mazer，1990；Bolmgren 和 Cowan，2008）和非生物因子（如气候、水文、土壤等）（竺可桢和宛敏渭，1973；Root 等，2003；Schwartz，2006）影响而产生的季节性、年际变化。在非生物因子中，气候变化对植被物候影响最为显著（Menzel 和 Fabian，1999；Walther 等，2001；Parmesan 和 Yohe，2003）。已有研究表明，近年来气温变化对植被物候产生了重大影响（Rathcke 和 Lacey，1985；Cesaraccio 等，2004；Richardson 等，2006），尤其是在植物生长发育期各阶段的前期，温度的影响作用更明显（Snyder 等，2001）。

目前，监测植被物候随气候变化的方法主要包括地面观测法、遥感监测法、模型模拟法三种。

（1）地面观测法是传统的物候监测方法，主要用于对物种在个体水平上通过建立物候观测网进行植物物候监测。

（2）遥感监测法主要是指在群落和生态系统水平上通过遥感卫星监测陆地表面植被指数的变化来监测区域植被的物候。

（3）模型模拟法主要是指在个体和群落水平上通过研究植物物候机理，建立植物物候模型来研究植物物候的时空变化。

此外，近年来，数码相机监测技术逐渐兴起，可将其用于植物物候监测，本章对此作简要介绍。下面分别介绍上述三种植物物候监测法和数码相机监测技术的研究进展。

1.2.1 地面观测物候

地面物候观测是指利用物候指标（如草本植物的返青期、开花期、果实或种子的成熟期和黄枯期），选取具有长远性、代表性的气象观测站点和常见的物种，对各项指标进行全方位的监测。无论是古代物候观测还是现代建立物候观测网进行物候观测，都采用以野外观测为基础的目视观察法，直接定点平行观测生物物候现象和气象因子的变化（龚高法等，1983；张福春，1995；王植，2008）。

国外开展植物物候观测较早，欧洲有组织的物候观测始于18世纪中期，其观测点分布在比利时、荷兰、意大利、英国和瑞士等国（裴顺祥等，2009）。目前，已有20多个国家参与欧洲物候观测网络（EPN），按照统一的规范进行物候和气候的平行观测。我国有组织的植物物候观测工作启动较晚，始于1934年竺可桢组织建立的物候观测网。从20世纪90年代后期起，全国部分农业气象站开始实行物候观测，但观测内容较少（苗鹭，2009）。

基于地面观测的植物物候研究都是针对某一个或少数几个物种进行的单株、定点观测，然后将观测结果用于较大范围的植被物候变化趋势估计。这种地面观测结果对于单株和小区域范围的物候研究具有时间精度高、易于操作等优点，仍然是目前研究群落结构随季节变化的基本方法（PhenoAlp Team，2010）。但由于植物物候地面观测站点分布不均（韦志刚等，2003）且缺少广泛的地面观测数据（Schwartz 等，2006），导致地面观测所覆盖的空间范围较小，很难反映一个区域的植被物候状况（Menzel 等，2006）。

1.2.2 遥感监测物候

遥感监测物候，主要是根据任何目标物都具有发射、反射和吸收电磁波的性质，利用传感器将地物波谱信息进行记录。由于遥感卫星具有大面积监测地物的特点，使其可以在区域、大洲乃至全球尺度上对植被物候进行监测（Reed 和 Brown，2005）。应用遥感卫星监测物候，关键是研究遥感数据与植被物候之间的关系（Badeck 等，2004）。目前，主要应用遥感卫星的时间序列植被指数数据进行物候监测研究（Schultz 和 Halpert，1993；Fontes 等，1995；White 等，1997）。植被指数时序数据能够反映植被绿度、光合作用强度、代谢强度的季节和年际变化，可用于植被长势的监测、植被类型的分类和植被物候的分析。通过遥感植被指数时序数据定量分析植被物候变化及其对气候变化的响应（Jenkins 等，2002；Schwartz 等，2002），有利于增进我们对物候变化的理解并正确预测生态系统对气候变化的响应（Fisher 等，2007；陈效逑和王林海，2009）。

遥感监测物候法为大面积物候监测提供了一种可能途径，遥感识别植被物候期主要涉及两项关键技术：一是基于遥感植被指数时序数据的拟合去噪声，二是基于植被指数曲线求取植被物候期。

目前，关于植被指数时序数据的拟合去噪声方法主要分为基于滤波函数的拟合方法和曲线拟合法两大类：

（1）基于滤波的拟合法主要有 S－G（Savitzky－Golay，S－G）滤波法（Chen 等，2004）、均值迭代滤波法（Mean Value Iteration Filter，MVI）（Ma 和 Veroustraete，2006）、傅立叶变换法（Fourier Transform，FT）（闫慧敏等，2005）和时间序列谐波分析法（Time Series Harmonic Analysis，TSHA）（Roerink 等，2000；侯光雷等，2010）、变权重滤波方法（Changing Weight Filtering，CWF）（Zhu 等，2012）等。

（2）曲线拟合法主要有双逻辑斯蒂函数拟合法（Beck 等。2006）、非对称性高斯函数拟合法（Jönsson 和 Eklundh，2002；Jönsson 和 Eklundh，2004）、多项式函数拟合法等。

根据拟合后的植被指数曲线求取植被物候期的方法主要有动态阈值法（Lloyd，1990；Fischer，1994；Delbart 等，2006；White 和 Nemani，2006；牟敏杰等，2012）、最大斜率阈值值法（Sakamoto 等，2005）、曲率法（武永峰等，2008）、滑动平均法（Reed 等，1994；Duchemin，1999）等。

物候期识别方法主要是上述各种拟合方法和植被物候期求取方法在不同研究条件下的组合。一些学者采用了不同的物候期识别方法，例如：

Piao 等（2006）用 NOAA/AVHRR NDVI 数据，采用多项式函数拟合法对 NDVI 时序数据进行拟合后，利用最大斜率阈值法识别了 1982—1999 年中国温带 9 种植被（包括青藏高原和内蒙古草原）的生长季起始日期和结束日期。

Zhang 等（2013）利用 GIMMS（1982—2006 年）、SPOT - VGT（1998—2011 年）和 MODIS（2000—2011 年）的 NDVI 数据，采用多项式函数拟合法对 NDVI 时序数据进行拟合后，运用最大斜率阈值法识别了 1982—2011 年青藏高原高寒植被的返青期。

曾彪（2008）利用 NOAA/AVHRR NDVI 数据，运用 Savitzk - Golay 滤波法和非对称高斯函数法对 1982—2003 年间青藏高原主要植被（高寒草甸、高山草原和山地灌丛）NDVI 时序数据进行拟合后，采用动态阈值法识别了植被的生长季起始和结束日期。

Yu 等（2010）利用 1982—2006 年青藏高原 22 个站点的高寒草甸/草原的地面观测数据与 NOAA/AVHRR NDVI 数据，采用动态阈值法识别了植被的生长季起始日期和结束日期。

丁明军等（2011）基于 NOAA/AVHRR（1982—2003 年）和 SPOT VGT（2003—2009 年）的 NDVI 数据，采用滑动平均法识别了 1982—2009 年青藏高原 12 个气象站的植被返青期。

马晓芳等（2016）运用 1982—2010 年 GIMMS NDVI 数据，采用 S - G 滤波法对 NDVI 数据进行拟合后，采用动态阈值法求取了青藏高原高寒草原植被的返青期、黄枯期及生长季长度。

上述物候期识别方法具有如下特点：

第一，各种曲线拟合法的参数设置缺乏客观标准，需根据经验及多次试验进行判断。如 S - G 滤波法对滑动窗口宽度敏感，需要人为设定滤波窗口宽度和多项式拟合阶数两个参数，活动窗口的宽度设置偏小容易产生大量冗余数据，反之，又容易遗漏一些细节信息；傅里叶变换法对频率分量的设置敏感，频率分量设置过大会引入噪声点，分量设置过小会丢失有用的信息（王红说和黄敬峰，2009）。

第二，某些曲线拟合法对初值依赖性较强，难以获得全局最优解。如双逻辑斯蒂函数拟合法和非对称高斯函数拟合法，尽管可以较好地体现NDVI时序曲线的变化规律，但其曲线拟合一般转化为求解非线性回归问题，必须给出函数系数的初始值。若采用传统的梯度法、牛顿法等经典优化算法，存在很强的初值依赖性，导致难以收敛，算法鲁棒性不强；若采用单纯形法等具有群体搜索特征的算法，伴随不同的初值选择，容易陷入局部最优解，难以获取全局最优解。因此，随着拟合函数非线性程度的增加，有必要引入现代优化算法（如模拟退火算法等）求解非线性回归问题，以有效避免初值依赖，并保证获得函数拟合系数的全局最优解。

第三，各种物候期求取方法均具有一定的局限性。

如阈值法是通过对植被指数曲线设置一定的阈值来确定植被生长季的起止时间，它又可细分为固定阈值法（或称为全局阈值法）（Lloyd，1990；Fischer，1994）和动态阈值法（或称为局部阈值法）（Jönsson 和 Eklundh，2002；Delbart 等，2006；White 和 Nemani，2006）。

阈值法充分考虑了植被指数曲线的特征，但阈值的选择受到植被类型、研究区域、植被指数和人为经验等因素的影响。

最大斜率值法（Sakamoto 等，2005）是将植被生长周期中植被指数曲线曲率最大的点所对应的时间视为植被的关键物候期。最大斜率值法对于一年一熟的植物较为有效，但对于一年两熟的作物，其第一次收获期识别结果可能会晚于实际的收获期。

滑动平均法（Reed 等，1994；Duchemin 等，1999）利用原始植被指数曲线与其滑动平均曲线的交叉点来判断植被物候期。由于滑动平均法是对连续多个物候生长季进行监测，滑动平均时间间隔的选择可能使第一个返青期无法监测；如果受春季雪融影响，所得结果可能早于植被的实际返青期（武永峰等，2008）。此外，滑动平均法对滑动窗口大小这一参数的设置比较敏感。

实际上，遥感数据反映的是在像元尺度上植物群落或是生态系统的植被生长状态及其变化特征，这与地面观测的植物个体或物种水平的物候期存在着很大的差异（Badeck 等，2004；陈效逑和王林海，2009）。此外，虽然目前有很多利用遥感卫星数据来识别植被物候的方法，但各具优缺点，不同方法常常针对特定的研究区域或特定的植被类型，不具有普适性（陈效逑和王林海，2009）。因此，应根据研究区域、植被类型的不同，选择适当的遥感监测方法，并结合地面物候观测数据对其进行参数化和本地化。

1.2.3 模型模拟物候

植物物候模型是基于植物对环境因子的响应机理而建立的可模拟植物生长发育的数学方程（裴顺祥等，2009）。植物生长季起始（萌芽）时间变化影响植物对物质能量的利用和竞争力，从而影响植物生物量的积累（Goulden 等，1996），甚至物候变化还会影响生物地球化学循环。精确的物候模型能够预测植物对全球气候年际变化的响应（White 等，1997；Chuine，2000），以及植物物候改变后导致的相关生物活动变化；也可用于补充缺失的气象数据、推导气候变化规律（赵海英等，2009），并有助于解释大气中 CO_2 通量的季节波动和年际变异（Baldocchi 等，2001；White 和 Nemani，2003）。随着对全球气候变化的关注，物候模型已成为研究全球变化的一个重要手段，为人类生产实践活动提供了依据和指导，具有重要的实践意义。

目前的物候模型可分为两类：统计模型和机理模型（宋富强和张一平，2007；Piao 等，2019）。

（1）统计模型采用统计法（如回归法）定量研究物候期与各种影响因子（如温度、降水等）的相关性，很少考虑环境因子在生物周期内发挥影响作用的机制，这类模型对于预测气候变化影响下的植物物候变化作用有限（宋富强和张一平，2007）。

（2）机理模型则通过数学方法解析表达生物生长过程与各种环境因素间的函数关系，力求从生态机制角度描述物候期发生条件。这类模型往往可以更加准确地预测气候条件变化后物候期出现的时间。

下面主要描述机理模型。

植物发芽（叶芽、花芽）是一种典型的生物特征，标志着植物进入了一个新的发育阶段，这一发育起始点的变化将对植物的整个生长周期构成重要影响，因此物机理模型的研究目标大多是预测植物发芽时间，即返青期。植物发芽前，需经历一段休眠期。Sarvas（1974）和 Cesaraccio（2004）认为休眠期应进一步细分为两个阶段：睡眠期（rest），物种在低温环境作用下进行抗寒锻炼的过程；静止期（quiescence），物种在外界环境（通常指气候温度）作用下加速发育的过程（Kang 等，2003）。

睡眠期内，芽的发育受到强烈的生理抑制，为打破睡眠期，必须经过一定冷激（chilling）温度的积累（抗寒锻炼），这是物种在长期进化及生存竞争中形成的固有过程，其时间长短由最优阈值温度内的冷激速率之和决定（Kramer，1994；Hänninen，1995）。

静止期内，芽由于受到外界环境的抑制暂时不能开放，只有当驱动温度（forcing temperature）积累到一定阈值，芽才可以开放，其时间长短由一定温度范围内的驱动速率之和确定。因此，在基于温度的物候机理模型中，通过冷激温度（chilling temperature）和驱动温度分别描述冷激和驱动的贡献。如春暖模型（Spring Warming Model，SWM）(Hunter 和 Lechowicz，1992)、指数发育模型（Forc Sar Model，FSM）、平行模型（Parallel Model，PM）(Landsberg，1974；Kramer，1994)、顺序模型（Sequential Model，SM）(Hänninen，1993；Kramer，1994)、深度睡眠模型（Deepening Rest Model，DRM）(Kobayashi 等，1982)、四阶段模型（Four - Phase Mode，F - PM）(Kramer，1994）和通用模型（Unified Model，UM）(Chuine，2000）等。各种温度驱动模型的区别主要是对冷激状态、驱动状态以及驱动温度与冷激温度之间关系的认识不同，体现了不同的温度驱动机理。

从应用阶段来看，物候模型由对单一物种的生长发育模拟逐渐扩展到对不同植被类型的生长发育模拟。早期研究主要是利用植物物候模型对单一物种进行生长发育的模拟，如 Landsberg（1974）提出并利用平行模型对苹果树芽的发育进行了模拟。Kobayashi 等（1982）利用深睡眠模型建立了山茱萸的生长发育模型，将睡眠期分成深睡眠、浅睡眠和静止期三个阶段。

20 世纪 90 年代后，植物物候模型被用来模拟和预测大量物候观测站点的不同植被类型的生长发育。如 Kramer 等（1994）利用 1901—1968 年荷兰的物候观测数据对上述各种模型参数进行了拟合，再用各种模型对德国各物候观测站点 1951—1990 年的物候数据进行了预测和验证。该研究的对比结果表明，实际返青期为 5 月 1 日，顺序模型预测结果为 5 月 6 日，与观测值最为接近；而热时模型（Thermal Time，TT）预测结果为 5 月 24 日，与观测值差别最大；其他模型，如平行模型、交互模型（Alternating Model，AM）、四阶段模型等，其预测结果介于二者之间。

Kramer 等（2000）以芬兰中部森林的北方欧洲赤松，荷兰和德国的山毛榉、桦木和橡木以及法国南部的海岸松为研究对象，将顺序模型和水驱动物候模型耦合到基于过程的森林生长模型 FORGRO 中（Mohren，1987；Mohren，1994；Kramer，1995），以此估算不同气候变化情景对植物生长的影响，结果显示气候变化显著影响了各森林物种的生长发育。

尽管通过上述研究，物候模型的内涵逐渐丰富，但各模型均为非线性表达，且彼此不相容，相互之间不具可比性，无法进行充分的验证，这给物候模型的继续发展和应用带来了极大困难。

为此，Chuine 等（2000）在现有各种温度模型的基础上（Kobayashi 等，1982；Hänninen，1990；Hunter 和 Lechowicz，1992），在保证冷激温度、驱动温度作用机理不变的前提下，从模型的数学表达式出发，通过对模型待定系数的调整，对各种现有模型进行逼近模拟，对各种常见模型进行了统一描述，建立了植物物候模拟的通用模型，并应用通用模型和简化的通用模型对欧洲七叶树、黄杨杉等 6 种植物的生长发育进行了模拟（Uni Chill 和 Uni Forc）。结果表明，通用模型和简化的通用模型对植物生长发育的模拟与其他物候模型一致，且很适合模拟对冷激温度敏感的地区的植物生长发育，这大大拓宽了物候模型的应用范围。

Morin 等（2009）采用简化的通用模型（Simplified Unified Model，SUM），利用 1883—1912 年、1990—2003 年美国三个地区的气象记录以及 22 种植物的物候观测数据，根据植物类型对模型参数进行了拟合，并在此基础上结合两种不同的气候变化情景，预测了 2100 年各种植物的返青期。结果表明，与 20 世纪相比，21 世纪绝大部分植物的返青期提前：当全球平均气温升高 3.2℃时，返青期平均提前 9.2 天；当全球平均气温升高 1℃时，返青期平均提前 5 天，只有个别植物返青期延后；当全球平均气温升高 3.2℃时，最多延后 2.7 天。

王焕炯等（2012）利用简化的通用模型对 1952—2007 年的中国白蜡树春季物候的时空变化进行了分析。结果表明：该模型考虑了芽发育速率在睡眠期和静止期对气温的不同响应，反映了植物的生理机制，在大区域和长时间尺度均能够准确地模拟白蜡树展叶起始期；在温带地区植物春季物候期的地理分布由日平均气温的空间格局决定；1952—2007 年，白蜡树的展叶起始期在绝大部分地区呈提前趋势，只有极小部分区域呈推迟趋势，其总体的平均趋势为 1.1 天/10 年，该结果与北半球其他地区春季物候的提前趋势一致。

从以上对各类物候模型的分析可知，通用模型的优势主要体现在以下四个方面：

首先，通用模型根据植物物候机理建立模型，同时考虑冷激温度和驱动温度的双重作用，尤其适用于对冷激温度起作用比较明显的中高纬度地区的植物物候研究。

其次，冷激温度和驱动温度起作用的阶段均可用通用表达式进行拟合，根据冷激温度和驱动温度作用时段不同，选取不同数目的参数进行拟合。

再次，考虑了冷激状态和驱动状态的负相关关系。

最后，便于简化，可根据研究需要不同，只考虑冷激温度或驱动温度的作用。

因此，由于通用模型的各种特点，有望在植物物候模型模拟中发挥更多作用。

天然草本植物物候影响因素有别于木本植物的一个主要特点在于，草本植物物候期受降水的影响更为明显。许多研究均表明温度是影响草原植物物候变化的主要因子（Li 等，2016），当水分成为胁迫因子时对其物候的影响也十分重要（王连喜等，2010；Tao 等，2015）。针对内蒙古草原的研究结果表明，降水量对返青期的影响主要体现为累积效应：这既包括长期响应，如羊草的返青期受到返青前 1 个月的均温和前一年 10 月至返青期前累积降水量的共同作用（陈效逑和李倞，2009）；也包括即时响应，如针茅在热量条件满足的情况下，返青期与返青发生前 5 天的降水量呈显著的正相关（Shinoda 等，2007）。

近年来针对天然草本植物物候模型的研究过程中，一些学者发现天然草本植物返青期同时受到温度、降水、光照等环境因子的显著影响，因此开始引入各种气候因素的联合影响。例如：

Jolly 等（2005）运用生长季指数模型（Growing Season Index Model，GSIM），分别针对积温、光照、土壤水分等建立特征指标，以乘积因子的形式构建生长季指数。

Xin 等（2015）对多种积温模型和生长季指数模型的对比研究结果表明，考虑降水因素后，可将模型模拟的 RMSE 从 20～30 天降低至 15 天。

Yuan 等（2007）引入土壤湿度信息对积温模型的阈值进行线性修正，模拟了锡林浩特羊草和克氏针茅的返青期，发现返青期模型对湿润年份的模拟精度有所提高，但对于干旱年份仍存在较大偏差。

Li 等（2012）在积温模型基础上，引入累计降水量的约束条件模拟了东北地区树木的返青期，模拟精度获得了提升。

上述相关研究表明，在积温驱动物候机理基础上考虑降水影响建立草本植物物候模型具有一定的合理性和可行性，但多数模型只是简单地将降水因素融入模型，或做相关性分析，很少综合考虑温度和水分等环境因子联合影响草本植物物候的内在机理；此外，对降水影响机制的描述也还不够完善，缺乏降水影响植物物候的“过程表达”，仅体现了降水总量的“结果控制”作用，从而导致草本植物物候模型的模拟精度及其在物种、地域间的通用性受到制约，尚需持续完善。

1.2.4 数码相机监测物候

随着数码相机和数字图像处理技术的发展，目前已有一些学者将数码相机自动拍照技术应用于植被物候的观测，以获得更高时空分辨率的反映植被长势的时间序列数据（Richardson 等，2007；Migliavacca，2011；Sonnentag 等，2012；Richardson 等，2018）。数码相机监测物候主要是利用相机获取的植被冠层红、绿、蓝三个波段的 DN（Digital Numbers，DN）值数据（Saitoh 等，2012），或者标准 RGB 图像同时附加近红外波段（NIR）的影像（Snyder 等，2019），建立能够反映植被长势变化的指数模型，然后来识别植被物候。数码相机监测物候，相对卫星监测，其时空分辨率更高；相对地面观测，节约人力资源，又能提供高时空分辨率的物候数据（Richardson，2009；Bradley 等，2010；Sonnentag 等，2011），同时能克服采用地面物候观测的局限性（如一致性、连续性和客观性）。特别是由物候相机组成的网络可弥补人工观测与遥感数据监测之间在时间分辨率和空间分辨率上的不足（Zhao 等，2012；Polgar 和 Primack，2013）。

数码相机观测物候的主要流程：

首先，采用可见光相机和红外相机等对一定区域的植被进行逐日观测，以获取影像数据；然后采用数字图像处理软件对获取的数据进行去噪等预处理，并计算植被指数（Green Excess，GE）（Ide 和 Oguma，2010；Saitoh 等，2012；Nagai 等，2015）；最后采用与遥感卫星监测植被物候的类似的方法识别植被物候，即根据植被指数采用曲线拟合法对植被指数数据进拟合，再采用一定的方法求取植被物候（Migliavacca，2011；Zhao，2012；Polgar 和 Primack，2013）。含有近红外波段影像的物候相机将数码相机和获取近红外波段数据的装置相结合，可以同时获取 RGB 数据和近红外波段数据，从而可以计算 NDVI 植被指数。

目前已有研究表明，基于数码相机监测 RGB 计算的指数与落叶林的物候有很好的相关性（Hufkens 等，2012；Toomey，2015；Brown 等，2016），也可将其用于干旱地区生态系统的研究（Kurc 和 Benton，2010；Snyder 等，2016；Browning 等，2017）。Snyder 等（2019）基于物候相机和 Landsat 的 2015—2017 年 NDVI 数据研究了美国大盆地主要植物群落的物候，发现两种数据识别的物候具有较好的相关性。Richardson 等（2018）利用物候观测网中 128 个站点的数码相机获取的影像和 MODIS 遥感数据，分别识别了农作物、落叶林和草原植被的物候期，发现对于生长季起始期和末期的识别均有较好的一致性。

1.3 草原植被物候的基本概念

物候学是研究自然界的植物（包括农作物）、动物和环境条件（气候、水文、土壤条件等）周期性变化间相互关系的科学（竺可桢和宛敏渭，1980）。物候是指生物长期适应气候条件的周期性变化，在这个过程中形成与气候相适应的生长发育节律的现象称为物候现象（Rathcke 和 Lacey，1985；石雅琴和乌兰娜，2009）。

植物物候学是研究植物生长发育节律及其与气候条件关系的一门科学。植物物候指植物在一年的生长中，随着气候的季节性变化而发生萌芽、抽枝、展叶、开花、结果及落叶、休眠等规律性变化的现象（陆佩玲等，2006）。植物正在发生萌芽、抽枝、展叶、开花、结果、落叶等变化的时期，称为植物物候期，相对应的物候期分别称为萌芽期、抽枝期、展叶期、开花期、结果期、落叶期。

草本植物物候的地面观测主要包括返青期、抽穗期、开花期、种子成熟期和黄枯期的观测。返青以春季越冬植株从根茎上长出幼芽露出地面，出现淡绿色绿叶为标准；抽穗（花序形成）以叶丛中出现浅褐色或褐色花序顶芽为标准；开花以小穗出现黄色花药为标准；种子成熟以小穗中小果实变硬、变干、易脱落为标准；黄枯以植株地上的器官约有 2/3 枯萎变色为标准（王力和张强，2018）。

草原植被物候的遥感监测主要是对草原植被返青期和黄枯期的监测，也可称为生长季起始日期和生长季结束日期的监测，实际上主要是从大尺度上对植物物候进行的观测，即监测一定区域内大部分植物的生长状态。采用遥感卫星从宏观上对地面植被进行物候监测（徐斌等，2016），是从遥感影像上根据植被在整个生命周期中的光谱特征变化，即根据不同的生长阶段其在电磁波各波段的地表反射率不同，运用一定的数学计算方法，估算出植被物候期。

1.4 草原植被物候研究的发展趋势

1.4.1 物候观测手段多样化

随着科学技术的发展，植被物候观测手段呈现出多样化的特点，主要由传统的地面观测和模型模拟拓展到采用遥感卫星监测和数码相机监测。

草原植被物候的地面观测，主要是在农业气象站，由工作人员在相应物候期附近的时日，进行植物单株物候的观测，并记录其物候期。这种观测方法严格按照物候的定义进行，精度较高，但会耗费大量的人力物力，不适宜进行大范围植被物候的观测，是在植物种群水平上的物候观测。

草原植被物候的遥感监测主要是利用卫星遥感数据，根据植被的光谱特征建立植被指数，采用一定的数学方法对遥感时间序列数据进行拟合并求取物候期。这种方法可以在较大范围内对植被进行物候观测，相对地面物候观测其空间精度较低，但根据遥感卫星数据分辨率的不同，它可以实现在群落，甚至生态系统水平上对植被物候的观测。模型模拟植被物候，主要是根据地面或遥感监测的植被物候，结合气候数据（如温度和降水等）对植被物候进行模拟和预测。这种方法主要是对分布广泛的植物进行物候的模型模拟，其空间分辨率主要与气候数据的空间分辨率有关，其模拟精度与所用模型是否能够反映植物生长机理有关。

1.4.2 多种监测手段相结合，从不同尺度监测草原植被物候

1.4.2.1 地面观测与遥感监测相结合

采用遥感卫星数据对大范围的植被物候进行监测，然后采用传统的地面观测结果对遥感监测的物候结果进行验证。这种方法主要是对遥感物候识别方法进行优化与确认，以确定更符合实际的遥感物候识别方法。

1.4.2.2 遥感监测与模型模拟相结合

采用遥感卫星数据，根据一定的遥感物候识别方法对植被物候进行识别，然后将物候识别结果输入物候模型，模拟出相应植被的物候模型参

数，从而表达出研究植被物候的内在机制，便于从机理上对植被物候变化进行解释和预测。

1.4.2.3 遥感监测与数码相机监测相结合

遥感卫星监测的植被物候是在群落甚至在生态系统水平上的物候监测。随着数码摄影技术的发展，采用数码相机拍照来监测植物的物候则是在物种或群落水平上对植物物候进行监测。将二者结合既可以相互验证，又可以在不同尺度上对植物物候进行空间尺度拓展研究（Richardson 等，2018）。

目前，常常是两种植被物候监测手段的结合，未来可以考虑三种以上监测手段相结合，以便不仅在不同时空尺度上对植被物候进行监测，还可以对植被物候的变化从气候驱动机理上进行解释。为深入了解草本植物物候与气候因素间的相互作用机制，建立更加准确的草原植被物候动态模型，更好地模拟和预测天然草原生态系统对气候变化的响应，可以考虑将地面观测、遥感监测和模型模拟三种手段相结合，综合分析植被的物候变化及其对气候变化的响应。

第二章　植被物候监测数据与预处理

2.1　地面物候观测数据

地面观测的物候数据主要是指气象站或农业气象站站的工作人员利用物候指标，选取具有长远性、代表性的气象观测站点和常见的物种，对各项指标进行全方位的监测。对于草本植物，主要的观测指标是返青期、开花期、果实或种子成熟期和黄枯期。

地面物候观测数据的预处理：由于地面观测的物候数据是以月份和日期进行观测记录的，因此需要将这种日期的物候数据转换为年积日（Day of Year，DOY）。年积日是仅在一年中使用的连续计算日期的方法，是从当年1月1日起开始计算的天数。例如，每年的1月1日为第1日，2月1日为第32日，以此类推。对于植物地面观测的返青期如果为2月28日，转换为年积日则为第59日。

2.2　气象数据

气象数据主要来源于中国气象数据网（http://data.cma.cn/）。在此网站下载温度、降水等数据，将其作为研究植被物候对气候变化的响应分析和建立物候模型的基础数据。

气象数据的预处理：将覆盖研究区域气象站点的日均温度、日降水数据等进行核查，排除缺失值，然后采用克里金插值法等对气象数据进行空间插值。

2.3 遥感植被指数数据

2.3.1 NDVI 和 EVI 数据概述

植被物候遥感监测主要采用时间序列的植被指数，如归一化差值植被指数（Normalized Difference Vegetation Index，NDVI）和增强型植被指数（Enhanced Vegetation Index，EVI）（Liu 和 Huete，1995；赵英时，2003；Cao 等，2015；Liu 等，2018）等。

NDVI 是在比值植被指数的基础上提出的，它是将比值植被指数进行非线性的归一化处理得到的，其数学表达式如式 2－1 所示：

$$\mathrm{NDVI} = \frac{\rho_{\mathrm{NIR}} - \rho_R}{\rho_{\mathrm{NIR}} + \rho_R} \tag{2-1}$$

式中，ρ_{NIR}、ρ_R分别为近红外、红外波段地表反射率，NDVI 值的范围是［－1，1］。

NDVI 反映了地表植被对可见光和近红外波段特有的光谱反射特征，它是植被生长状态及植被覆盖度的最佳指示因子，也是反映季节变化和人为活动影响的重要指示器（赵英时，2003；顾娟等，2006；林忠辉和莫兴国，2006）。NDVI 曲线是 NDVI 时间序列数据构成的时间信号，在时间上呈现出与植被生物学特征相关的周期和变化，如植被活性的季节波动与年际变化。目前基于 NOAA/AVHRR、SPOT/VEGETATION、Terra/MODIS、Envisat/MERIS 等卫星遥感数据得到的 NDVI 时序数据已经在植被动态变化监测、宏观土地覆盖分类、植物生物物理参数反演、植被物候特征识别等方面得到了广泛应用（Moulin 等，1997；Chen 等，2000；Xin 等，2002；张峰等，2004；顾娟等，2006；Fan 等，2015）。

NDVI 是目前应用最广泛的植被指数之一，其优点是公式意义简明，计算所需资料较少，易于收集；同时对因光照、观测条件等变化导致的各通道反射率的改变可以做到部分消除；并可相应降低因为太阳高度角及卫星扫描角度不同所带来的误差；其曲线幅度（最大值与最小值之差）较大，相对 EVI 能更好地反映植被的长势。其缺点是在植被覆盖较高的情况下，红光通道容易饱和，同时其指标本身也容易饱和；对大气干扰所做的校正有限；未考虑土壤背景信息对植被指数的影响；NDVI 的比值算式和最大值合成算法（Maximum Value Composite，MVC）虽然消除了部分内部及外部噪声，但最大值合成算法不能确保选择最小视角内的最佳像元，最终的合成数据产品仍存在较多噪声（王正兴等，2003）。

EVI 是由 Liu 和 Huete（1995）提出的，称为改进型土壤大气修正植被指数，其将背景调整和大气修正结合起来，又称增强型植被指数。EVI 的简化公式如式 2－2 所示：

$$\mathrm{EVI} = G\left[\frac{\rho_{\mathrm{NIR}} - \rho_R}{\rho_{\mathrm{NIR}} + C_1\rho_R + C_2\rho_B + L}\right] \tag{2-2}$$

式中，ρ_{NIR}、ρ_R 为大气顶层或经大气纠正的近红外、红外波段地表反射率；L 为背景（土壤）调整系数；C_1 和 C_2 为拟合系数。EVI 利用蓝光波段（ρ_B）来修正红光波段所受的大气气溶胶影响，$L=1$、$C_1=6$、$C_2=7.5$、$G=2.5$。

EVI 的设计避免了基于比值计算植被指数的红光过饱和问题，对原始数据进行了大气校正。由于红光和蓝光对气溶胶的反应存在差异，EVI 在计算中采用蓝光波段来减轻气溶胶的影响，并且采用背景调节参数减少了土壤背景的影响（Huete 等，1997）。EVI 的合成优先选择无云干扰、传感器视角小的像元，数据与其他植被指数相比质量更好。EVI 在以上方面的改进，为遥感定量研究提供了更好的基础；但 EVI 时序数据的曲线幅度较小，可能会影响其对植被绿度的反映；此外，由于 EVI 对数据进行了大气和土壤背景值的校正（Jiang 等，2008），因此对土壤背景的噪声不敏感。

2.3.2　植被指数与植被物候

植被指数时序数据可以反映植被的生长节律。图 2.1 展示了常见植被类型的 NDVI 时序数据。可见，在一年内，不同植被类型的 NDVI，其极值、幅度、幅宽和生长周期均存在较大差别：如常绿林的幅宽最大，但一年内的 NDVI 值幅度变化不大；一年一熟的农作物、落叶阔叶林、草原牧草、混交林、灌木在一年内完成一个生长周期，而在有些地区农作物或将完成两至三个生长周期（一年种植两至三茬）。

植被指数时序数据所反映出的植被生长节律可用于植被物候期的识别。如图 2.1（a）为温带落叶阔叶林的 NDVI 时序数据曲线，根据地面观测的返青期和落叶末期可以在曲线上找到对应的 NDVI 值，通过分析该 NDVI 值及其在曲线中的位置则可找出其特征，然后就可依据该特征来识别其他落叶阔叶林的生长季起始期和结束期。图 2.1（e）为具有旱季雨季之分的亚热带常绿阔叶林 NDVI 时序数据曲线，虽然常绿阔叶林无生长季起始期与结束期之分，但可以从这条曲线上找出雨季来临和结束后的植被生长旺季起始期与结束期（范德芹等，2016）。

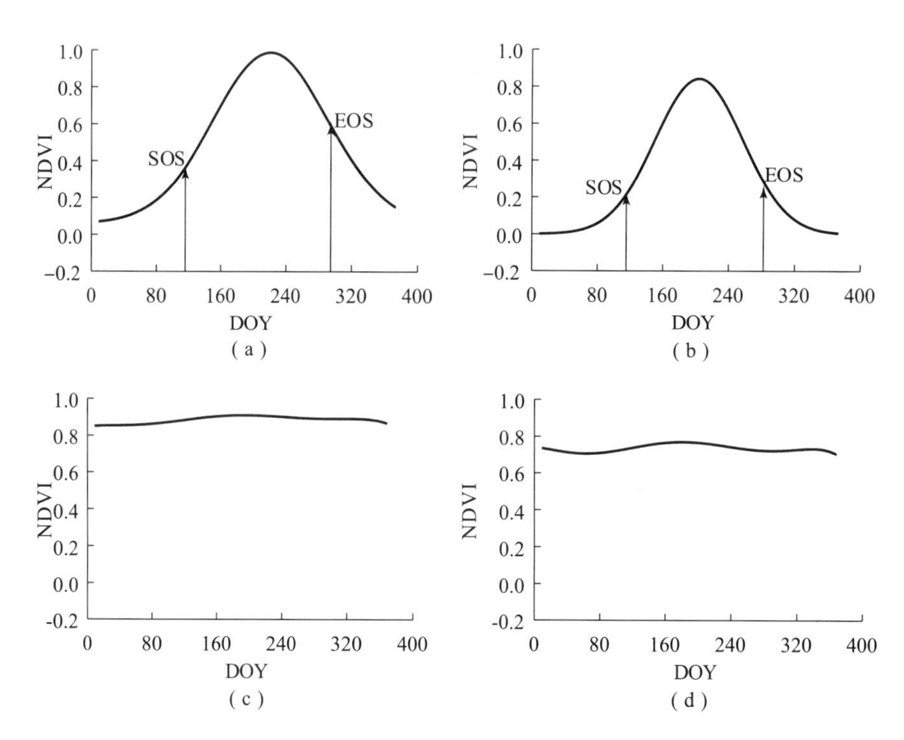

图 2.1　常见植被类型的 NDVI 时序数据及其遥感识别的物候期示意图（范德芹等，2016）

（a）落叶阔叶林；（b）落叶针叶林；（c）常绿阔叶林（无季节变化）；（d）常绿针叶林（无季节变化）

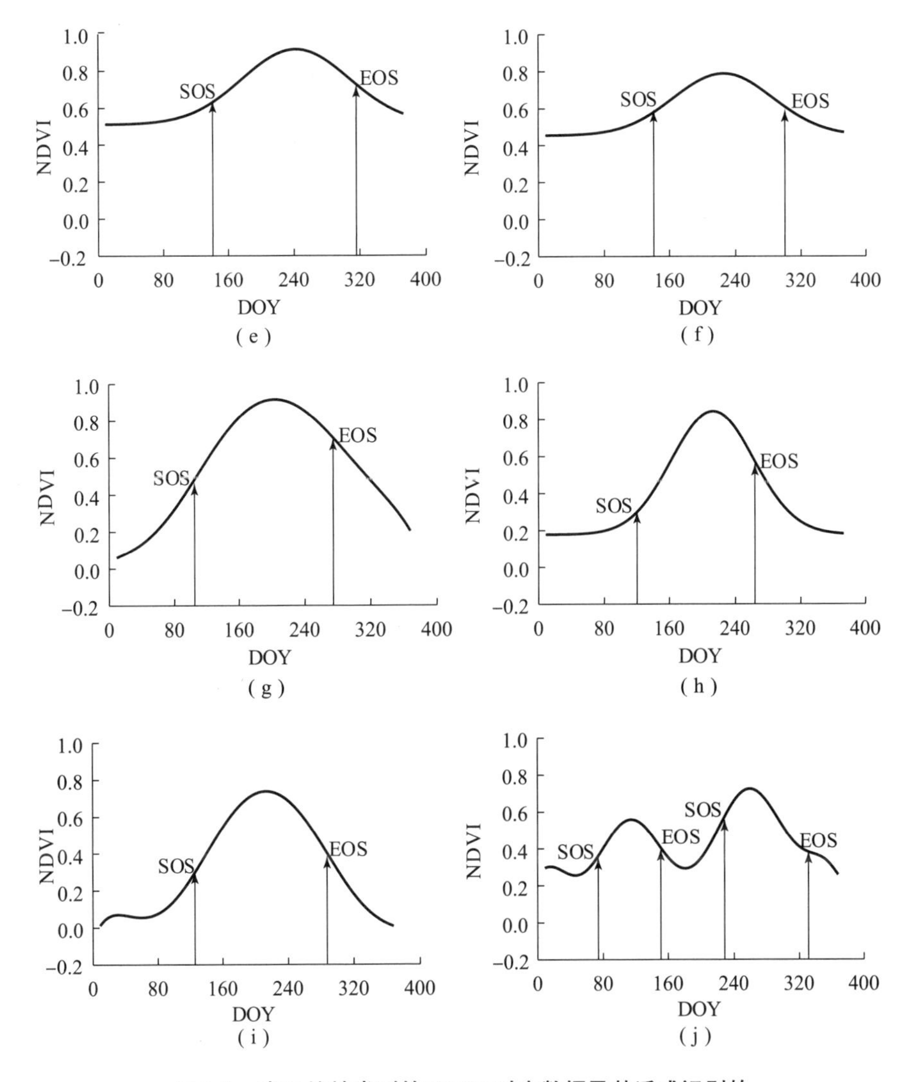

图 2.1　常见植被类型的 NDVI 时序数据及其遥感识别的物候期示意图（范德芹等，2016）（续）

（e）常绿阔叶林（旱季—雨季）；（f）常绿针叶林（旱季—雨季）；（g）灌丛；（h）草地；（i）农作物（一年一熟）；（j）农作物（一年两熟）

2.3.3　基于狄克松检验的 NDVI 数据噪声检测及重建方法

应用中低分辨率传感器对地面进行观测时，太阳光照角度、卫星观测角度、云覆盖情况、水汽含量、气溶胶含量等随时间的变化很大，因此得到的 NDVI 观测值包含了大量的噪声。这些噪声的干扰使 NDVI 曲线的季节变化趋势及其蕴涵的物候特征并不明显，从而无法进行各种趋势分析和信息提取（于信芳和庄大方，2006）。因此，在应用这些含有噪声的 NDVI 数据产品之前，需要对其做进一步的滤波去噪声处理。

噪声是指样本中的个别值，其数值明显偏离它们所属样本的其余观测值。判断噪声的方法有很多，正态分布情形下检验噪声的常用方法有：格拉布斯检验法、罗马诺夫斯基 t - 检验法、狄克松检验法、奈尔检验法、偏度—峰度检验法等（陶澍，1994）。

狄克松检测法是一种基于数理统计的噪声检测方法，它具有普适性强，对研究经验、研究区域、植被类别和参数依赖小的特点。狄克松检验法适用于检测小样本（5 ~ 30 个）数据中的噪声，已成为中国国家标准化管理委员会（见表 2.1）、国际标准化组织（ISO）和美国材料试验协会（ASTM）的推荐方法。狄克松检验法无须计算样本的算术平均值和标准差，直接采用极差比进行检测，操作简便。相关研究表明，当不存在异常度非常高的同侧多个噪声时，狄克松检验法非常有效（朱宏，1989；陈忠琏，1992；范德芹等，2013）。

狄克松检验法检测噪声的方法如下：

（1）将 n 个检测值按大小排序：

$$x_1 \leqslant x_2 \leqslant \cdots \leqslant x_n$$

（2）按照表 2.1 的公式，根据 n 值计算统计量 γ、γ'；

（3）确定显著水平 α，查表 2.1，确定对应 n、α 的临界值 D；

（4）检验高端噪声：若 $\gamma > D$，则判断 x_n 为噪声；

（5）检验低端噪声：若 $\gamma' > D$，则判断 x_1 为噪声；

（6）若步骤（4）（5）没有检出噪声，则判断待检测值无异常；

（7）若检测出噪声，去掉或修正噪声后，对剩余样本继续检测，直至无噪声被检测出为止。

表 2. 1　狄克松检验法临界值表（中国国家标准化管理委员会，2008）

n	统计量		显著性水平 α	
	检验高端异常	检验低端异常	0. 05	0. 01
3	$\gamma_{10} = \frac{x_n - x_{n-1}}{x_n - x_1}$	$\gamma'_{10} = \frac{x_2 - x_1}{x_n - x_1}$	0. 941	0. 988
4			0. 765	0. 889
5			0. 642	0. 782
6			0. 562	0. 698
7			0. 507	0. 637
8	$\gamma_{11} = \frac{x_n - x_{n-1}}{x_n - x_2}$	$\gamma'_{11} = \frac{x_2 - x_1}{x_{n-1} - x_1}$	0. 554	0. 681
9			0. 512	0. 635
10			0. 477	0. 597
11	$\gamma_{21} = \frac{x_n - x_{n-2}}{x_n - x_2}$	$\gamma'_{21} = \frac{x_3 - x_1}{x_{n-1} - x_1}$	0. 575	0. 674
12			0. 546	0. 642
13			0. 521	0. 617
14	$\gamma_{22} = \frac{x_n - x_{n-2}}{x_n - x_3}$	$\gamma'_{22} = \frac{x_3 - x_1}{x_{n-2} - x_1}$	0. 546	0. 640
15			0. 524	0. 618
16			0. 505	0. 597
17			0. 489	0. 580
18			0. 475	0. 564
19			0. 462	0. 550
20			0. 450	0. 538
21			0. 440	0. 526
22			0. 431	0. 516
23			0. 422	0. 507
24			0. 413	0. 497
25			0. 406	0. 489
26			0. 399	0. 482
27			0. 393	0. 474
28			0. 387	0. 468
29			0. 381	0. 462
30			0. 376	0. 456

参照气象观测中对多年同期气象数据进行统计分析的做法，假设针对同一地点（即同一像元）、每年同一时间的连续多年 NDVI 观测结果呈正态分布，具有统计意义，采用统计方法对其数据进行噪声检测，避免在数据预处理阶段对先验知识（如植被覆盖类型、研究经验等）的过分依赖，以便获得噪声检测的合理结果（范德芹等，2013）。

采用狄克松检验法进行 NDVI 噪声检测的技术流程如图 2. 2 所示，具体操作如下：

（1）获取同一像元、每年同一时间的连续多年 NDVI 数据，确定噪声检测样本。

（2）对上述多个 NDVI 值构成的样本进行狄克松检验（判据见表 2. 1），发现可能的异常点。

（3）若无噪声检出，则循环到下一像元重复检测；否则，对可能异常点利用遥感影像进行辅助判断，因为异常点可能并不一定是噪声点，也可能是突发的自然灾害（如森林火灾）引起的地表覆盖的真实变化。

（4）若遥感影像无异常，则说明此 NDVI 值无干扰，则将此点标记为地面覆盖类型变更点，认为此处 NDVI 值异常突变可能由突发因素如自然

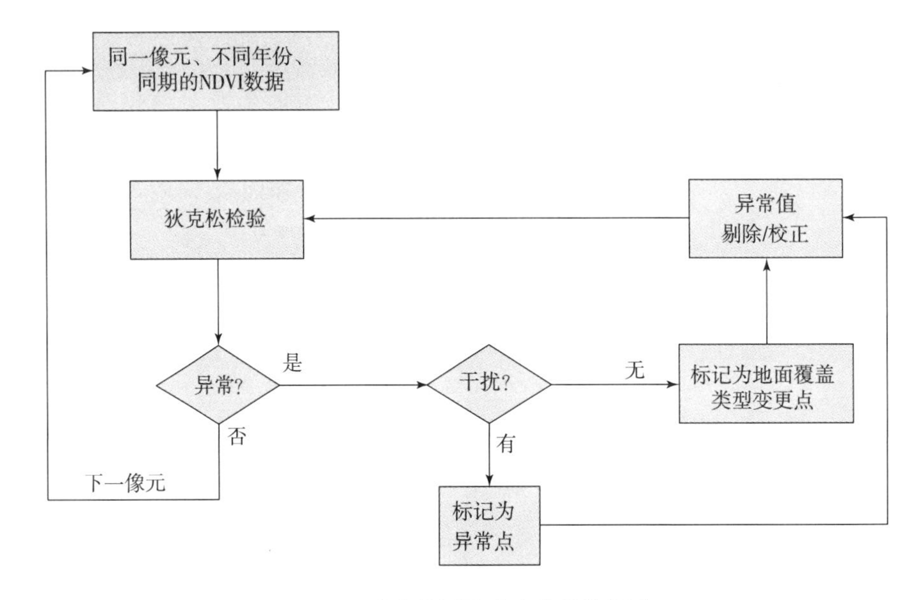

图 2. 2　噪声检测及重建技术流程图

灾害、气候反常、人为灾害、植被变更等引起，需根据当地气象、物候、灾害等记录资料进一步核实。

（5）对检出的异常点进行校正或剔除处理，以除去异常年份之外的多年平均值作为该点校正值，再循环到下一像元重复上述步骤，直至完成对全部像元、全部时段的检验。

2.3.4 NDVI 数据噪声检测及重建实例

本实验数据为 NOAA/GIMMS 的 NDVI 3g 数据，其分辨率为 8 km，时间段为 1982—2011 年，该数据为 15 天合成，因此每年包含 24 期数据。本方法适用于各种不同数据源的长时间序列数据噪声检测和数据重建。

2.3.4.1 单点、同期、多年 NDVI 噪声检测及重建结果

根据狄克松检验法针对某一像元、同期、连续 30 年的 NDVI 时序数据进行噪声检测。为减少噪声的突增突降对 NDVI 时序数据的影响，将对 NDVI 时序数据检测出的噪声点的 NDVI 值采用 30 年同期的平均值代替。图 2.3 ~ 图 2.8 分别为低端、高端、双侧 NDVI 时序数据检测结果及重建结果（圆圈为原始数据，方框为检测出来的异常点）。从图 2.3 可以看出，某像元 30 年 7 月中旬的 NDVI 数据在 1988 年、1993 年和 1997 年 3 个年份存在低值噪声点。图 2.4 为检测出噪声后的 NDVI 数据重建结果。

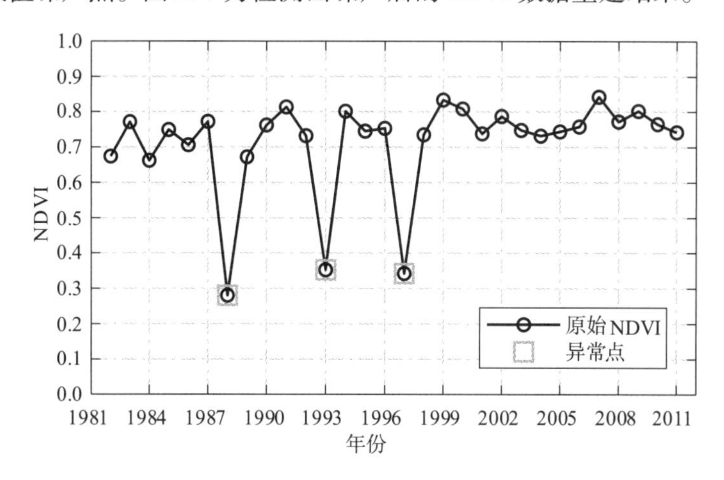

图 2.3 低端噪声检测结果

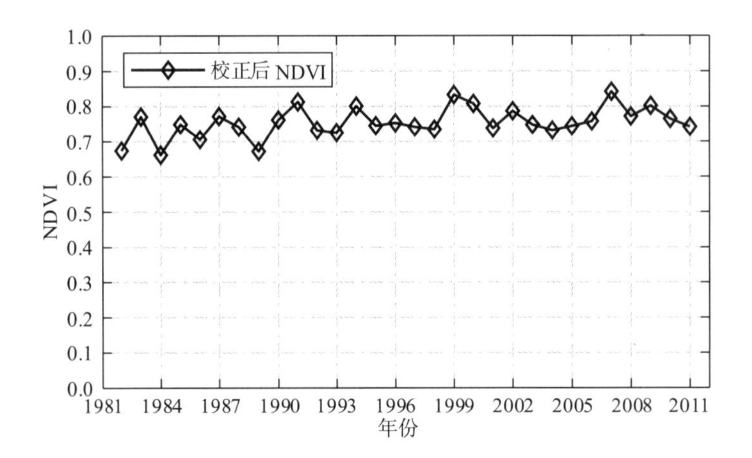

图 2.4　低端噪声检测后 NDVI 数据重建结果

图 2.5 为某像元 3 月中旬的高端噪声检测结果，显示此像元 1990 年的 NDVI 数据存在异常，此像元当年 3 月中旬的 NDVI 数值偏高；但在植被研究中，一般将高端异常忽略，认为这是由气候或长势造成的合理变化。图 2.6 为检测出噪声后的 NDVI 数据重建结果。

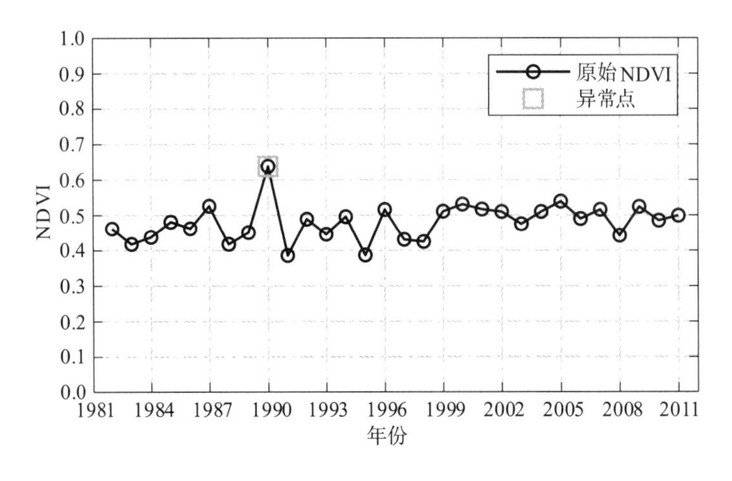

图 2.5　高端噪声检测结果

图 2.7 为某像元 9 月中旬的双侧噪声检测结果，显示此像元 2007 年 NDVI 数据存在低端异常，2010 年的 NDVI 数值偏高，可能在 2010 年气候及长势存在变化；但由于其 NDVI 值在此时已接近 0.7，本应在衰落期，其

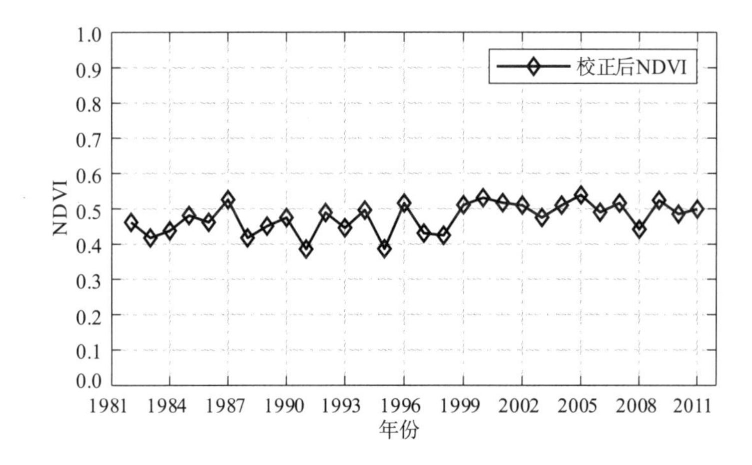

图 2.6　高端噪声检测后 NDVI 数据重建结果

NDVI 值过高，说明此点在此时的 NDVI 值为噪声。图 2.8 为检测出噪声后的 NDVI 数据重建结果。

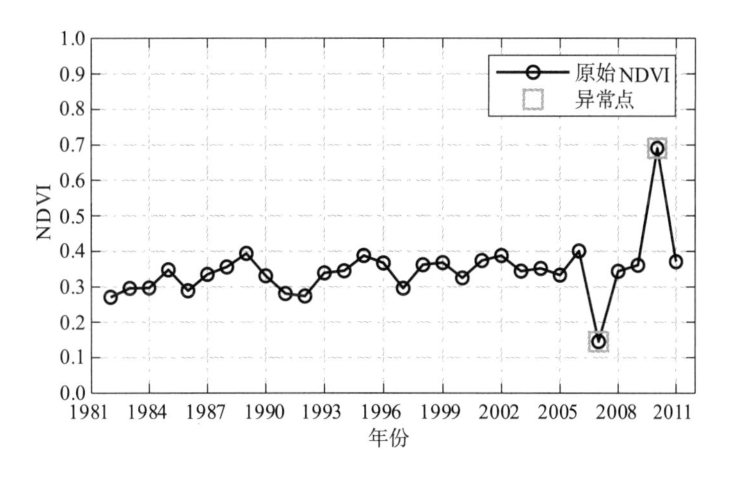

图 2.7　双侧噪声检测结果

检测结果表明，狄克松检验法可有效检测出 NDVI 数据样本中存在的单侧（偏高或偏低）及双侧（偏高、偏低共存）噪声，发现可疑数据点；将检测结果结合不同的遥感分析需求，可给出 NDVI 噪声检测的合理判断。

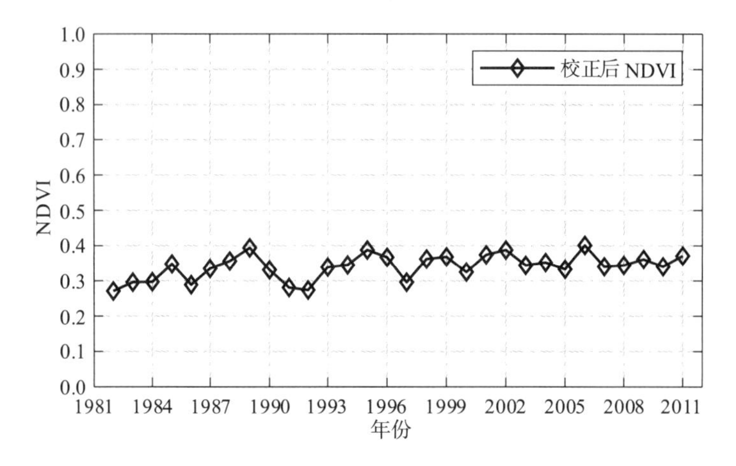

图 2.8　双侧噪声检测后 NDVI 数据重建结果

2.3.4.2　单点、同年、不同月份 NDVI 噪声检测及重建结果

图 2.9 为某一像元、同一年度内 NDVI 观测值随季节变化的噪声检测结果，显示此像元 1993 年的 NDVI 原始观测值中，第 13 个数据点（大致为 7 月中旬）和第 15 个数据点（大致为 8 月中旬）的数据存在低端异常，需要做剔除或校正处理。图 2.10 为数据重建的结果。实验结果表明，基于统计分析结果，在进行 NDVI 时序数据重建之前，对异常点进行确认，完成数据剔除和校正工作，有助于提高重建数据的质量，确保分析结果的可靠性。

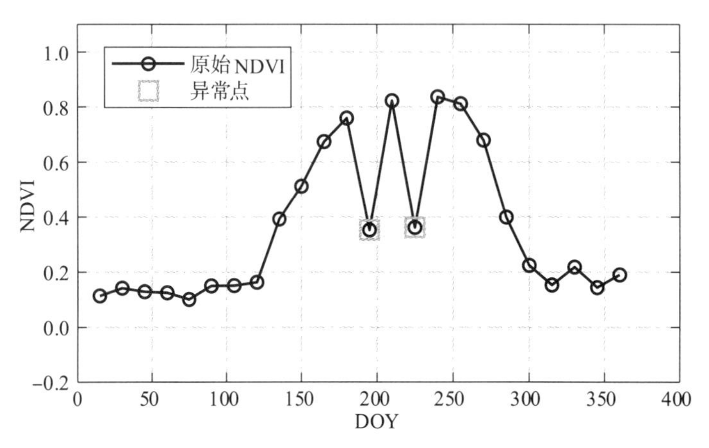

图 2.9　1993 年 NDVI 噪声检测结果

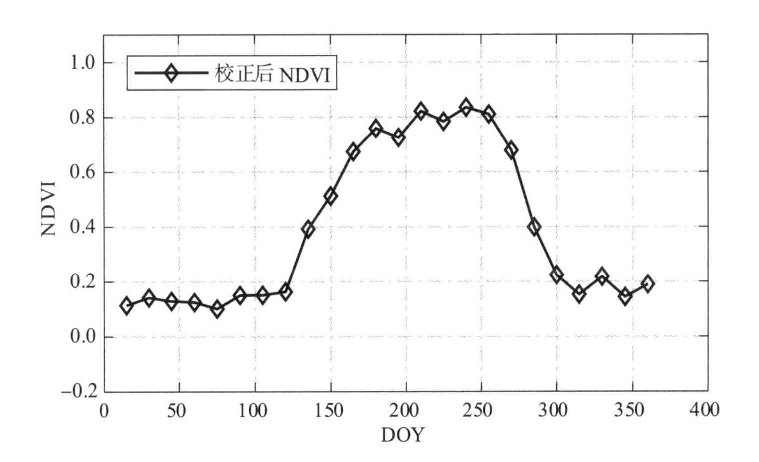

图 2.10　1993 年 NDVI 数据重建结果

狄克松检验法充分利用了多年观测数据的统计规律，可有效检测出 NDVI 时序数据中存在的各类噪声，实现对噪声点的准确定位。基于狄克松检验法的噪声检测方法作为数据重建的预处理环节，可与各种常用的 NDVI 时序数据重建方法直接结合，大大降低噪声数据对数据重建过程的干扰，有效提升数据重建质量，使数据重建结果能够更好地反映植被物候周期变化规律。狄克松检验法对单点和区域的不同植被类型时序数据重建均具有较好的通用性。

第三章　植被物候的遥感识别方法

常用的植被物候期遥感识别方法主要包括两个步骤：

（1）对遥感植被指数原始时序数据进行拟合。

（2）求取物候期。

植被指数曲线拟合方法（以 NDVI 为例）主要有双高斯函数拟合法、双逻辑斯蒂函数拟合法、多项式函数拟合法、S－G 滤波拟合法、傅里叶分析法等。物候期求取方法主要有曲率法、最大斜率阈值法、动态阈值法、滑动平均法等。

3.1　NDVI 曲线拟合方法

3.1.1　双高斯函数拟合法

采用高斯函数拟合 NDVI 时序数据时，假设原始 NDVI 时序曲线是由若干个单峰曲线相互叠加形成的，以高斯函数系作为 NDVI 时序曲线的基本函数形式，每一个高斯函数均由 3 个参数决定：峰高 a_i、峰位 b_i和峰宽 c_i，整个高斯函数系表达式（李敏和盛毅，2008）为：

$$g(t) = \sum_{i=1}^{n} a_i \times \exp\left[-\left(\frac{t - b_i}{c_i}\right)^2\right] \tag{3-1}$$

对于一年只完成一个生长周期的植被，其 NDVI 曲线由两个高斯函数叠加即可表示其生长季峰值左右两侧的非对称性，因此可将 n 值设为 2，即采用两个高斯函数的线性组合进行拟合。对于每一年度的 NDVI 时序曲线，待求系数为 a_1、b_1、c_1、a_2、b_2、c_2。NDVI 时序数据经过双高斯函数拟合前后的示意图，如图 3.1 所示。

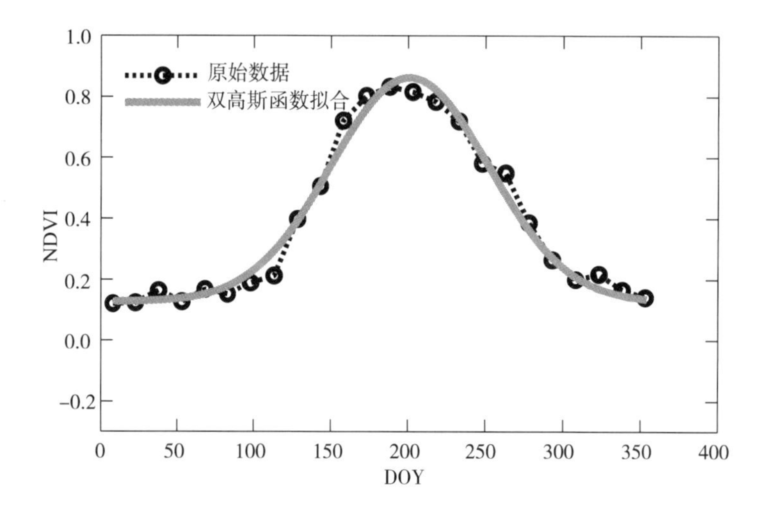

图 3.1　NDVI 时序数据双高斯函数拟合示意图

基于高斯函数思想，Jönsson 和 Eklundh（2002）提出了一种非对称高斯函数拟合法，这种方法是由分段函数组成，可以对复杂的时间序列进行拟合，然后将其合成为一条时间序列曲线，其表达式为：

$$\mathrm{NDVI} = e_1 + e_2\begin{cases}\exp\left[-\left(\dfrac{t-d_1}{d_2}\right)^{d_3}\right], \text{当 } t > d_1 \\ \exp\left[-\left(\dfrac{d_1-t}{d_4}\right)^{d_5}\right], \text{当 } t < d_1\end{cases} \tag{3-2}$$

非对称高斯函数共有 7 个参数，其中基本参数 e_1 和 e_2 分别确定曲线的截距和幅度。参数 d_1 确定最大值出现的时间（以时间单位测量）。等式的上半部分适合时间序列的右半部分（时间是在达到峰值 d_1 之后）。而等式的下半部分适合时间序列的左半部分。参数 d_2 和 d_4 分别确定右侧和左侧曲线的宽度。参数 d_3 和 d_5 分别确定右侧和左侧曲线的平坦度（或峰度）。

3.1.2 双逻辑斯蒂函数拟合法

双逻辑斯蒂函数拟合法是由 Beck 等（2006）于 2006 年提出的一种新方法，按此方法，对于单生长周期植被无须将整个原始 NDVI 时序数据按照 NDVI 极大或极小值分成多个区间，再逐个区间进行逻辑斯蒂函数局部拟合，可直接实现年度 NDVI 序列的全局拟合。

双逻辑斯蒂函数的表达式（Fisher 等，2006）为：

$$f(t)=v_{\min}+v_{\mathrm{amp}}\left(\frac{1}{1+e^{(m_1+m_2t)}}-\frac{1}{1+e^{(m_3+m_4t)}}\right) \tag{3-3}$$

式中，$v_{\min}$，v_{amp}，m_1，m_2，m_3，m_4 为 6 个待求参数；$v_{\min}$ 和 v_{amp} 分别表示 NDVI 曲线背景绿度值和峰值；m_1、m_2 表示 NDVI 曲线在植被生长期内的峰位和斜率；m_3、m_4 代表 NDVI 曲线在植被衰落期内的峰位和斜率。NDVI 时序数据双逻辑斯蒂拟合示意图如图 3.2 所示。

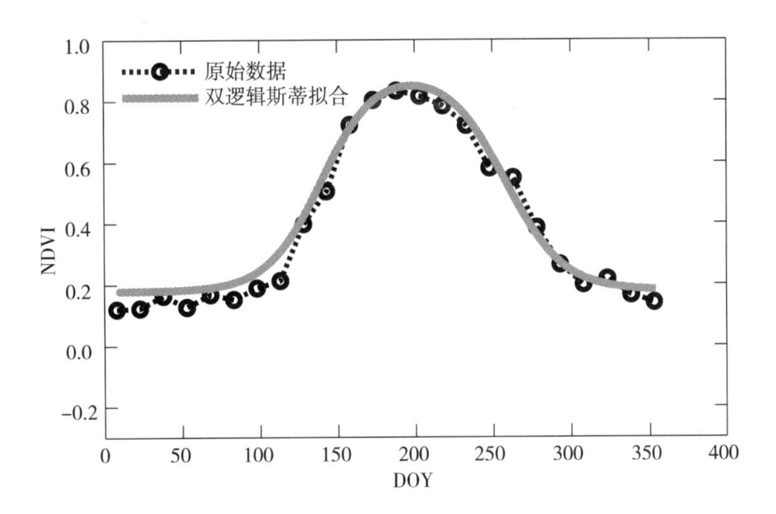

图 3.2 NDVI 时序数据双逻辑斯蒂拟合示意图

3.1.3 多项式函数拟合法

多项式函数拟合法是将原始 NDVI 时序数据采用多项式进行曲线拟合，其表达式（Piao 等，2006）为：

$$h(t) = d + d_1 t + d_2 t^2 + d_3 t^3 + \cdots + d_n t^n \qquad (3-4)$$

式中，d_1、$d_2 \cdots d_n$为待求参数，一般 n 值取 6。NDVI 时序数据多项式函数拟合示意图如图 3.3 所示。

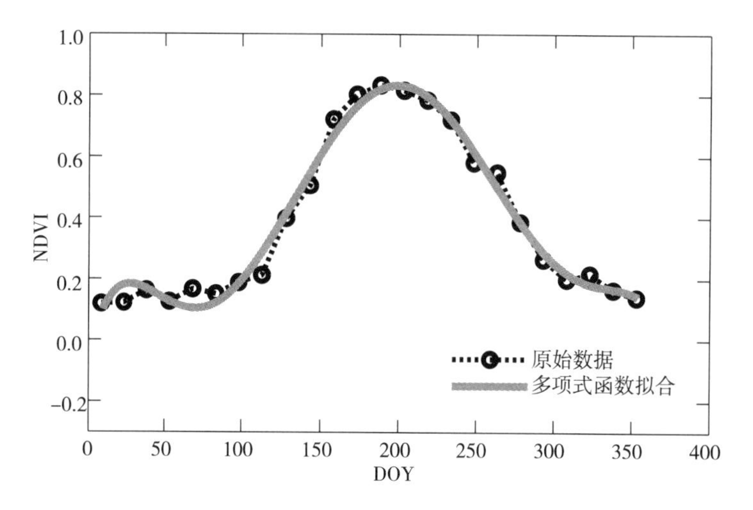

图 3.3 NDVI 时序数据多项式函数拟合示意图

3.1.4 Savitzky－Golay 滤波法

Savitzky－Golay 滤波法是由 Savitzky 和 Golay（1964）提出的，它是一种基于最小二乘原理进行局域低阶多项式拟合的数据平滑滤波方法，可在尽量保持原始信号规律的基础上有效提高信噪比，其表达式（Chen 等，2004）为：

$$Y_j = \sum_{i=-\frac{m-1}{2}}^{\frac{m-1}{2}} C_i y_{j+i} \qquad (3-5)$$

式中，y_j表示第 j 个原始 NDVI 值；Y_j表示滤波后的第 j 个 NDVI 值；C_i为局

域内第 i 个样本点的卷积系数；m 为窗口宽度，共计 $m+1$ 个原始样本点参与第 j 个样本点的低阶（$<m$）多项式拟合。NDVI 时序数据 S－G 滤波拟合示意图如图 3.4 所示。

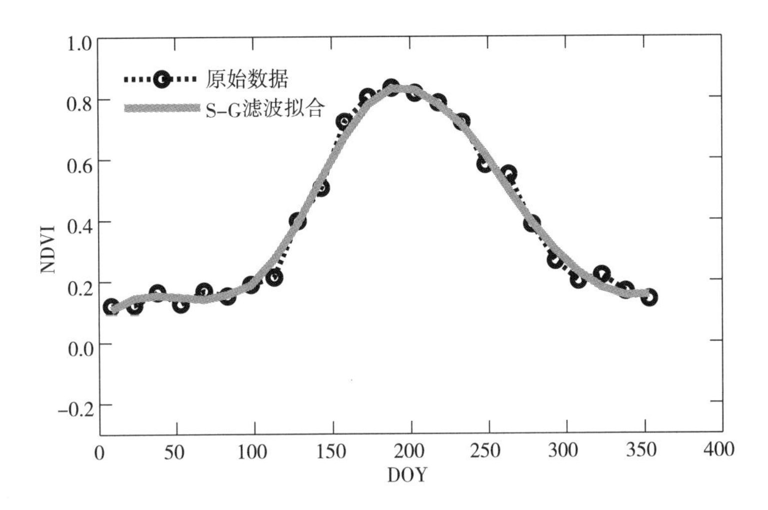

图 3.4　NDVI 时序数据 S－G 滤波拟合示意图

3.1.5　傅里叶分析法

傅里叶分析法将一个复杂曲线表达为多个频率的正弦波之和，随着分量正弦波的数量增加，总和变得能够更接近于植被指数，其表达式为：

$$f(t) = \overline{f(t)} + \sum_{n=1}^{L/2}\left(A_n \cos\left(\frac{2\pi nt}{L} - \phi_n\right)\right) \qquad (3-6)$$

式中，$f(t)$ 为合成之后的 NDVI 值；$\overline{f(t)}$ 为平均 NDVI 值；A_n 为第 n 次谐波的振幅；ϕ_n 为第 n 次谐波的相位；L 为研究周期的观测次数（Jakubauskas 等，2001；Wagenseil 和 Samimi，2006）。因此，对于 10 天合成的一年的数据，$L=36$；对于 14 天合成的数据，$L=26$。NDVI 时序数据傅里叶拟合示意图如图 3.5 所示。

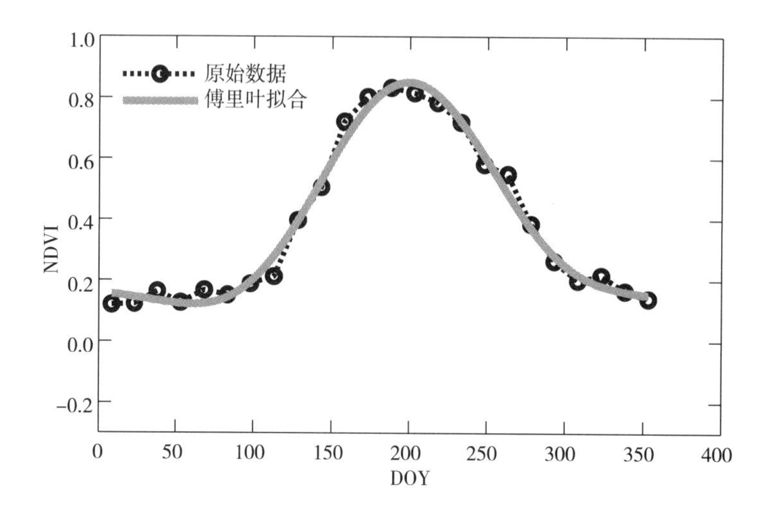

图 3.5　NDVI 时序数据傅里叶拟合示意图

3.2　物候期求取方法

遥感 NDVI 曲线识别的植被物候期主要是指植被生长季起始日期和结束日期，对于草原植被主要是指返青期和黄枯期。遥感物候期的求取方法主要有曲率法、最大斜率阈值法、动态阈值法和滑动平均法等。

3.2.1　曲率法

曲率法（武永峰等，2008）是将 NDVI 拟合曲线的曲率首次达到最大时所对应的日期视为返青期；对于一年有一次生长季的植被，将曲率最后一次达到最大时所对应的日期视为黄枯期。任意拟合曲线的曲率公式为：

$$C = \frac{|y''|}{[1 + (y')^2]^{\frac{3}{2}}} \tag{3-7}$$

式中，y'、y''分别表示拟合曲线的一阶导数和二阶导数。NDVI 时序数据曲率法返青期求取示意图如图 3.6 所示。

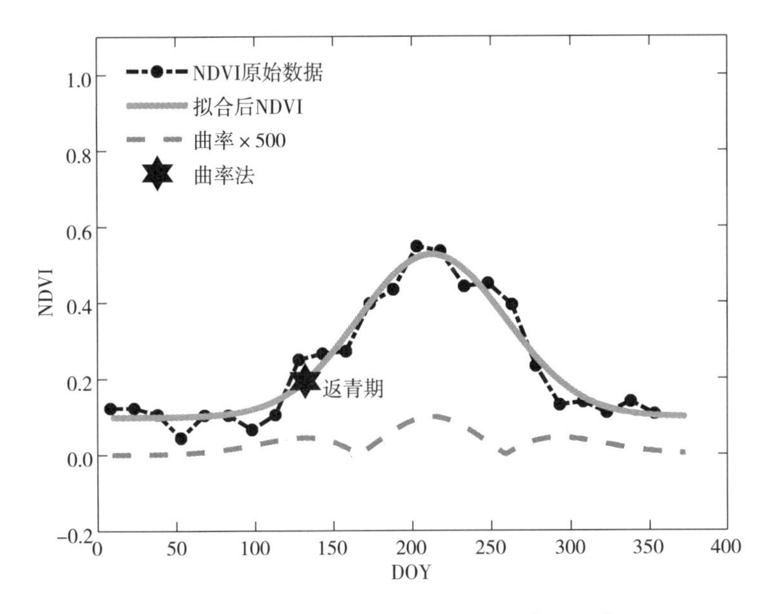

图 3.6　NDVI 时序数据曲率法求取返青期示意图

3.2.2　最大斜率阈值法

最大斜率阈值法取植被多年平均 NDVI 拟合曲线的斜率 $NDVI_{ratio}$ 最大时对应的 NDVI 值作为返青期阈值，将每年的 NDVI 曲线首次达到该阈值时对应的日期视为返青期（Piao 等，2006），将 $NDVI_{ratio}$ 负值最小时对应的 NDVI 值作为黄枯期阈值，将每年的 NDVI 曲线达到该阈值时对应的日期视为黄枯期。最大斜率阈值法的斜率计算公式为：

$$NDVI_{ratio(t)} = \frac{NDVI_{(t+1)} - NDVI_{(t)}}{NDVI_{(t)}} \tag{3-8}$$

式中，t 表示天数。NDVI 时序数据最大斜率阈值法返青期求取示意图如图 3.7 所示。

3.2.3　动态阈值法

采用动态阈值法求取植被返青期最早由 White 提出（Richardson 等，2006），阈值 $NDVI_{thd}$ 的计算公式为：

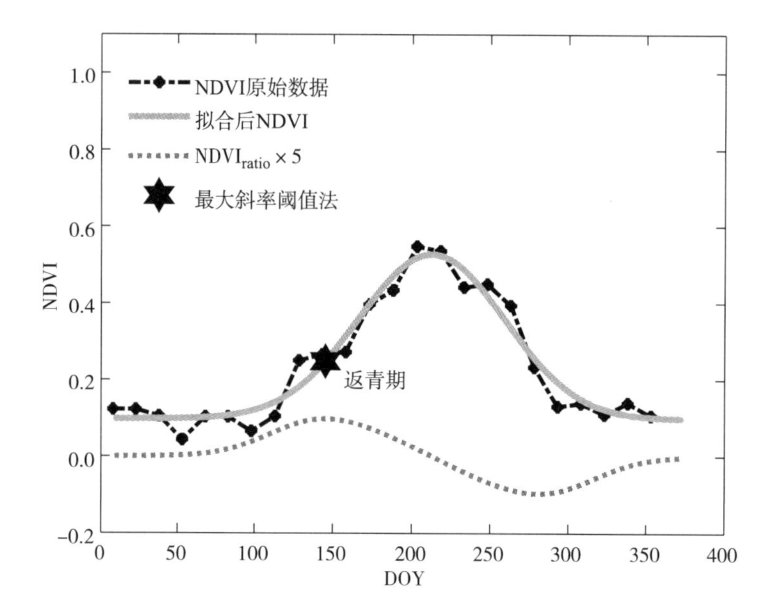

图 3.7　NDVI 时序数据最大斜率阈值法求取返青期示意图

$$NDVI_{thd} = \frac{NDVI - NDVI_{min}}{NDVI_{max} - NDVI_{min}} \tag{3-9}$$

式中，对于温带和高寒植被，$NDVI_{min}$值一般设定为每年2、3 月份 NDVI 的平均值（Yu 等，2010），$NDVI_{max}$为当年 NDVI 最大值。$NDVI_{thd}$值的设置可根据研究区域植被的长势曲线设定为 0.2 ~ 0.5，将 $NDVI_{thd}$等于该值时的日期 t 视为返青期或黄枯期。NDVI 时序数据动态阈值法返青期求取示意图如图 3.8 所示。

3.2.4　滑动平均法

滑动平均法（Duchemin 等，1999）是利用原始植被指数曲线与其滑动平均曲线的交叉点来判断植被物候期，其计算公式为：

$$Y_t = (X_t + X_{t-1} + X_{t-2} + \cdots X_{t-(w-1)})/w \tag{3-10}$$

式中，Y_t表示在 t 时刻的滑动平均值；X_t表示 t 时刻的 NDVI 原始值；w 表示滑动平均的时间间隔（窗口宽度）。可根据研究区域、植被类型和物候期的不同来选择合适的窗口宽度，使求取的物候期更加稳定。图 3.9 为 NDVI 时序数据滑动平均法求取返青期示意图。

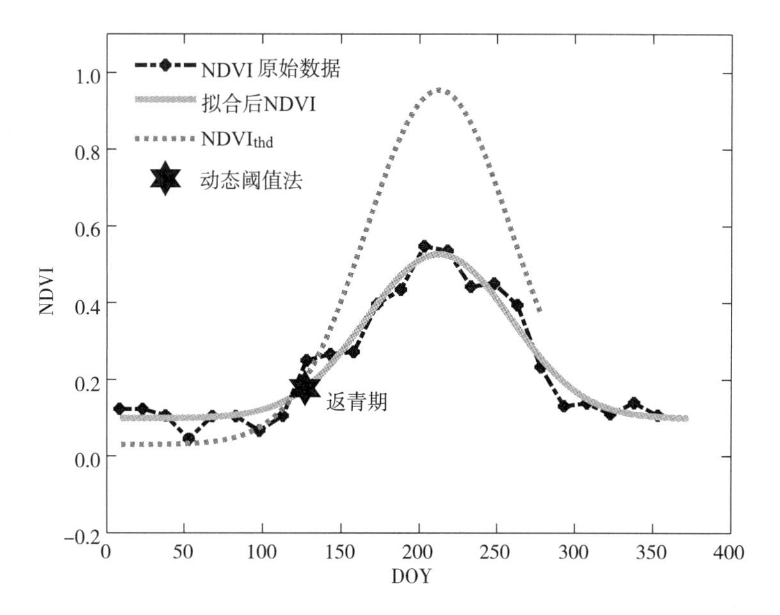

图 3.8　NDVI 时序数据动态阈值法求取返青期示意图

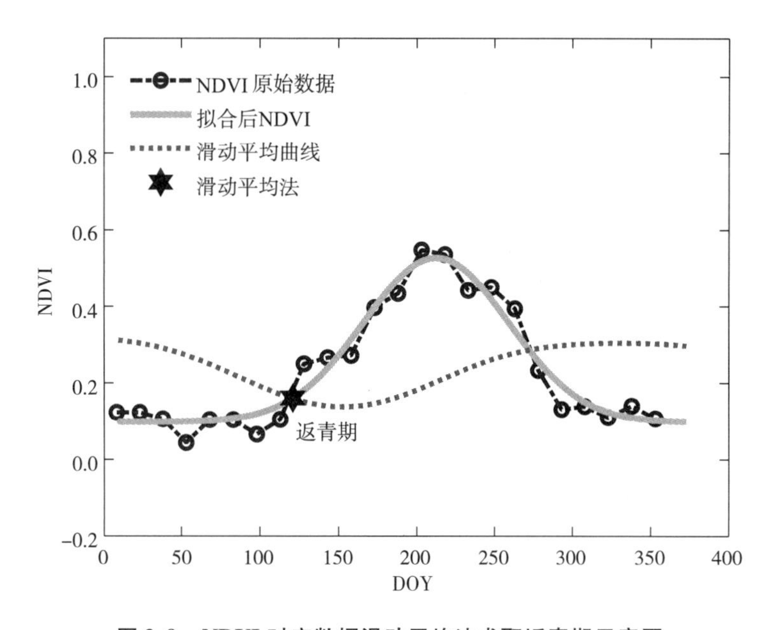

图 3.9　NDVI 时序数据滑动平均法求取返青期示意图

第四章　植物物候的模型模拟方法

植物物候模型是基于植物对环境因子的响应机理而建立的可模拟植物生长发育的数学方程（裴顺祥等，2009）。目前的物候模型可分为两类：统计模型和机理模型（Goulden 等，1996）。统计模型采用统计方法定量研究植物物候期与各种影响因子（如温度、降水等）的相关性，很少考虑环境因子在生物周期内发挥影响作用的机制，这类模型对于预测气候变化影响下的植物物候变化作用有限（Goulden 等，1996）。机理模型则通过数学方法解析表达生物生长过程与各种环境因素间的函数关系，力求从生态机制角度描述物候期发生条件。这类模型往往可以比较准确地预测气候条件变化后物候期出现的时间，本章主要讨论此类模型。

按照影响植物物候的气候因素，可将植物物候机理模型分为基于温度的植物物候模型和多种气候因子结合的植物物候模型。

4.1　基于温度的物候模型

植物发芽（返青）前，需经历一段休眠期。Sarvas（1974）和 Cesaraccio 等（2004）认为休眠期应分为两个阶段：睡眠期（rest）和静止期（quiescence）（Kang 等，2003）。

（1）睡眠期内，芽的发育受到强烈的生理抑制，为打破睡眠期，必须经过一定冷激（chilling）温度的积累（抗寒锻炼），这是物种在长期进化及生存竞争中形成的固有过程，其时间长短由最优阈值温度内的冷激速率之和决定（Kramer，1994；Hänninen，1995）。

（2）静止期内，芽由于受到外界环境的抑制暂时不能开放，只有当驱动温度（forcing temperature）积累到一定阈值，芽才能够开放，其时间长短由一定温度范围内的驱动速率之和确定。

可见，根据主导因素不同，植被休眠期被划分为内部机制主导和外部环境主导两个阶段。植被返青物候模型即针对这两个阶段内的温度影响建立数学模型，通过相应的数学参数控制冷激作用与驱动作用的作用时间、作用程度及交替关系，进而实现对返青期的有效模拟。

根据对植被发育过程中主导因素的不同理解，可细分为单温模型和双温模型。

（1）单温模型仅考虑驱动温度的贡献，只考虑芽休眠（bud dormancy）到出芽的转变阶段驱动温度的积累作用（Cannell 和 Smith，1983；Valentine，1983；Hunter 和 Lechowicz，1992；Chuine 和 Cour，1999），如春暖模型（Spring Warming Model，SWM），又称热时模型（Thermal Time Model，TTM）（Cannell 和 Smith，1983；Hunter 和 Lechowicz，1992）、指数发育模型（Forc Sar Model，FSM）、积温发育模型（Cumulative Temperature Development Model，CTDM）（Chuine 和 Cour，1999）。

（2）双温模型同时考虑驱动温度和冷激温度的贡献，尤其强调冷激状态在确定返青时间中的作用（Chuine 和 Cour，1999；Chuine，2000），即冷激温度不仅对打破休眠状态起作用，也对出芽前的生长过程起促进作用（Nelson 和 Lavender，1979；Cannell 和 Smith，1983；Murray 等，1989；Hänninen，1993）；外界环境分别通过冷激状态和驱动状态来催化植物进入这两个阶段（Murray 等，1989）。冷激温度积累作用越多，出芽所需的驱动温度积累作用越少，在后续物候模型表达中，更多地考虑了冷激状态和驱动状态的负相关作用（Cannell 和 Smith，1983；Murray 等，1989；Kramer，1994；Chuine 和 Cour，1999）。双温模型主要包括平行模型（Parallel Model，PM）（Landsberg，1974；Kramer，1994）、顺序模型（Sequential Model，SM）（Hänninen，1990；Kramer，1994）、交互模型（Alternating Model，AM）（Murray 等，1989）、深度睡眠模型（Deepening Rest Model，

DRM)（Kobayashi，1982）、四阶段模型（Four - Phase Model，F - PM）（Vegis，1964）、顺序指数模型（Seq Sar Model，SSM）和平行指数模型（Par Sar Model，PSM）（Chuine Cour，1999）。各种双温模型的区别主要是对冷激状态、驱动状态以及驱动温度与冷激温度之间关系的认识不同。

目前普遍采用的返青期物候模型包括顺序模型、并行模型、深度睡眠模型、四阶段模型、春暖模型（热时模型）、通用物候模型，尽管各模型对休眠期生长机制的细节描述有所区别，但均包含以下三方面要素：

（1）冷激作用程度建模：建立冷激作用速率 R_c 随日均温度 T 的变化函数，以一段时间内每日冷激作用率的积累（即冷激积温）代表冷激作用程度大小。各物候模型中，冷激作用速率 R_{chl} 均可表示为式（4-1）所示规律，冷激只在温度范围［T_{min} T_{max}］内起作用，且存在冷激最佳温度 T_{opt}。

（2）驱动作用程度建模：建立驱动作用速率 R_{frc} 随日均温度 T 的变化函数，以一段时间内每日驱动作用率的积累（即驱动积温）代表驱动作用程度大小。各物候模型中，驱动作用速率 R_{frc} 均可表示为式（4-2）所示规律，即驱动随温度变化规律遵循逻辑斯蒂函数规律，在温度大于一定阈值后起作用，并当温度升高到一定程度后持续保持为最大值。

（3）冷激—驱动交替关系建模：建立潜能函数（competence function）K，表示驱动作用率 R_{frc} 与冷激积温 S_{chl}（式（4-3））的关系，以此表达特定冷激积温状态下驱动作用的程度（驱动积温见公式（4-4）），从而完成对冷激—驱动交替关系的建模。

$$R_{chl} = \begin{cases} 0 & T \leqslant T_{min} \\ \dfrac{T - T_{min}}{T_{opt} - T_{min}} & T_{min} < T \leqslant T_{opt} \\ \dfrac{T - T_{max}}{T_{opt} - T_{max}} & T_{opt} < T < T_{max} \\ 0 & T \geqslant T_{max} \end{cases} \tag{4-1}$$

$$R_{frc} = \begin{cases} 0 & T \leqslant T_b \\ K\dfrac{a}{1 + e^{b(T+c)}} & T > T_b \end{cases} \tag{4-2}$$

$$S_{chl} = \sum R_{chl} \tag{4-3}$$

$$S_{frc} = \sum R_{frc} \tag{4-4}$$

事实上，各种物候模型的本质区别，就在于潜能函数 K 的不同，不同的函数形式决定了休眠期内冷激作用分期、驱动作用时长、驱动作用程度的差异，体现了对休眠期内芽生长机制的不同认识。下面分别介绍各模型的定义和潜能函数。

4.1.1 顺序模型

顺序模型中睡眠期和静止期是两个独立的阶段，不存在两种阶段的过渡状态，冷激温度和驱动温度分别在这两个阶段独立发挥作用（Sarvas，1974）。顺序模型的潜能函数如式（4－5）所示。此模型将休眠期和静止期严格分开，二者之间不存在重叠，仅当冷激积温达到抗寒锻炼所需阈值 C_{crit}时，冷激作用结束同时驱动作用开启，直至驱动积温达到返青所需阈值 F_{crit}时返青。

$$K = \begin{cases} 0 & S_{chl} < C_{crit} \\ 1 & S_{chl} \geqslant C_{crit} \end{cases} \tag{4-5}$$

4.1.2 平行模型

在平行模型中，在睡眠期冷激温度和驱动温度同时起作用，无先后顺序（Landsberg，1974；Hänninen，1990）。平行模型的潜能函数如式（4－6）所示。此模型认为即使在休眠期内，驱动作用仍可能发生，且驱动作用幅度与抗寒锻炼程度成正比，当冷激积温达到抗寒锻炼所需阈值 C_{crit}时，驱动作用幅度得以完全释放（潜能函数值达到1）。

$$K = \begin{cases} K_{min} + \dfrac{1 - K_{min}}{C_{crit}} S_{chl} & S_{chl} < C_{crit} \\ 1 & S_{chl} \geqslant C_{crit} \end{cases} \tag{4-6}$$

4.1.3 深度睡眠模型

深度睡眠模型是指睡眠期在冷激温度的作用下，植物要经历一个睡眠先加深再减弱的过程，然后进入静止期（Kobayashi 等，1982）。深度睡眠模型的潜能函数如式（4-7）所示。此模型仍允许在休眠期内同时发生冷激和驱动作用，但将休眠期细分为深度睡眠期和浅度睡眠期两个子阶段。在深度睡眠期内，驱动作用幅度与抗寒锻炼程度成反比，体现在自身物候机制作用下，芽生长逐步受到抑制的过程；在浅度睡眠期内，驱动作用幅度与抗寒锻炼程度成正比，体现在外部温度变化作用下，芽生长逐步加速的过程。这种模型与其他模型的区别在于，其他模型只考虑睡眠减弱的过程（Hänninen，1990）。

$$K=\begin{cases}1-\dfrac{1-K_{min}}{C_{dr}}S_{chl} & S_{chl}<C_{dr}\\ K_{min}+\dfrac{(1-K_{min})(S_{chl}-C_{dr})}{C_{crit}-C_{dr}} & C_{dr}\leqslant S_{chl}<C_{crit}\\ 1 & S_{chl}>C_{crit}\end{cases} \tag{4-7}$$

4.1.4 四阶段模型

四阶段模型中定义了三个睡眠期和一个静止期（Hänninen，1990）。

（1）睡眠前期（pre-rest）：外界条件变幅很窄，发育仍然可以发生。

（2）真睡眠期（true-rest）：无论外界条件变幅如何，发育停止且不能继续发育。

（3）睡眠后期（post-rest）：发育条件变幅较宽。

（4）睡眠期后进入静止期（Vegis，1964）。

四阶段模型的潜能函数如式（4-8）和式（4-9）所示。此模型也允许在睡眠期内同时发生冷激和驱动作用，但将睡眠期进一步细分为睡眠前期、完全睡眠期和睡眠后期三个子阶段。在睡眠前期内，芽仍可能在外部温度高于一定阈值（T_{thr}）时发育，潜能函数值为1，驱动作用开始积累；在完全睡眠期内，无论外部温度如何，驱动均不起作用，潜能函数值为0，芽处于发育停止状态；在睡眠后期内，芽同样可能在外部温度高于一定阈值（T_{thr}）时发育，潜能函数值为1，驱动作用持续积累。尽管睡眠前期与睡眠后期芽均可能发育，但两个时期内允许驱动发生作用的温度阈值不同，从而导致两个时期内发育的难度不同。在睡眠前期内，温度阈值随冷激积温线性增加，而此时一般环境温度较低，实际上很难发生驱动作用；

反之，在睡眠后期内，温度阈值随冷激积温线性递减，加之此时环境温度一般逐渐升高，实际上较易发生驱动作用。

$$K = \begin{cases} 1 & S_{chl} < C_{tr}, T > T_{trh} \\ 0 & S_{chl} < C_{tr}, T \leqslant T_{trh} \\ 0 & C_{tr} \leqslant S_{chl} < C_{pr} \\ 0 & C_{pr} \leqslant S_{chl} < C_{crit}, T \leqslant T_{trh} \\ 1 & C_{pr} \leqslant S_{chl} < C_{crit}, T > T_{trh} \\ 1 & S_{chl} \geqslant C_{crit} \end{cases} \tag{4-8}$$

$$T_{trh} = \begin{cases} T_1 + \dfrac{T_2 - T_1}{C_{tr}} S_{chl} & S_{chl} < C_{tr} \\ T_1 + \dfrac{(T_1 - T_2)(S_{chl} - C_{crit})}{C_{crit} - C_{pr}} & C_{pr} \leqslant S_{chl} < C_{crit} \end{cases} \tag{4-9}$$

4.1.5 热时模型

热时模型（Hunter 和 Lechowicz，1992），可将其看作顺序模型的特例。休眠期和静止期依然严格分开，并且休眠期长度恒定、静止期起始日期恒定、冷激作用率值恒定，如式（4－10）所示，因而驱动作用开启所需的冷激积温阈值 C_{crit} 恒定。驱动潜能函数如式（4－11）所示。当温度达到一定阈值时，驱动作用率与气温成正比例增加，如式（4－12）所示：

$$R_{chl} = 1 \tag{4-10}$$

$$K = \begin{cases} 0 & t < t_2 \\ 1 & t \geqslant t_2 \end{cases} \tag{4-11}$$

$$R_{frc} = \begin{cases} 0 & T \leqslant T_b \\ K(T - T_b) & T > T_b \end{cases} \tag{4-12}$$

4.1.6 通用物候模型

通用物候模型（Chuine，2000）在现有各种模型基础上（Landsberg，1974；Sarvas，1974；Kobayashi 等，1982；Hänninen，1990），在保证冷激温度、驱动温度作用机理不变的前提下，从模型的数学表达式上提高了对不同驱动机理的相容性，允许冷激状态和驱动状态发生更加灵活的交互作用。

通用物候模型的建模思路与上述五种模型有所区别，它是在保证冷激温度和驱动温度作用机理不变的前提下，不再拘泥于休眠期、静止期内冷激和驱动作用率的详细建模，而是侧重对冷激、驱动作用“积分”总和的数学描述。为此，通用物候模型将潜能函数与驱动作用率函数“解耦”，并改变了潜能函数的表达形式，以冷激积温和驱动积温之间的负相关关系（如式（4－17）所示）模拟驱动作用程度与冷激作用程度之间的制约关系。对于冷激作用率、驱动作用率随温度变化的函数规律，通用物候模型与其他模型没有本质区别，只是在数学上实现了函数的一阶连续表达，如式（4－13）、式（4－14）所示。从休眠期、静止期交替关系分析，通用物候模型可看作是顺序模型和平行模型的拓展，通过参数 t_c（冷激单元作用结束的日期）和 C^*（驱动单元开始作用时的冷激积温）的灵活调节，它既允许休眠期与静止期完全不重叠（如顺序模型），又允许休眠期和静止期同时启动（如平行模型），也可实现休眠期和静止期不同重叠程度的同步作用。

通用物候模型的潜力在于，冷激温度和驱动温度的作用程度、作用时长、重叠区间等均可灵活切换，甚至可体现只存在冷激温度或驱动温度作用的极限情况。

通用物候模型的驱动积温和冷激积温作用及其单元函数表达式如式（4－13）~式（4－17）所示：

$$R_c = \frac{1}{1 + e^{a_c(x_t - c_c)^2 + b_c(x_t - c_c)}} \tag{4-13}$$

$$R_f = \frac{1}{1 + e^{b_f(x_t - c_f)}} \tag{4-14}$$

$$C^* = \sum_{t_0}^{t_1} R_c(x_t) \tag{4-15}$$

$$F^* = \sum_{t_1}^{t_b} R_f(x_t) \tag{4-16}$$

式中，x_t表示日均温度；t_0表示起始时间，一般设定为前一年的9月1日；t_1表示驱动单元作用开始的时间，亦即睡眠期被打破的日期；t_b表示生长季开始的时间，亦即静止期被打破的时间；R_c为冷激单元表征函数，R_f为驱动单元表征函数，C^*表示驱动单元开始作用时的冷激积温，F^*表示返青所需的驱动积温。

同时，确定驱动积温和冷激积温的负相关关系为：

$$F^* = we^{kC_{tot}} \tag{4-17}$$

式中，$w>0$ 且 $k<0$，t_c表示冷激单元作用结束的日期；$C_{tot} = \sum_{t_0}^{t_c} R_c$，表示冷激单元作用时间内的冷激积温。

通用物候模型共包含9个待定参数：[a_c b_c c_c a_f c_f w k c^* t_c]。式中，a_c、b_c、c_c表示冷激单元函数的系数，a_f、b_f表示驱动单元函数的系数。

4.2 多种驱动因素结合的物候模型

4.2.1 生长季指数模型

生长季指数模型（Growing Season Index Model，GSIM）（Jolly 等，2005）旨在寻找气象学观测量和植被物候记录之间的关联性，并假设每一种气象指标在一定阈值范围内，其对物候的影响服从线性规律。研究表明，从植物生长必需条件摄取角度，温度、饱和水汽压、光照分别对水分获取、呼吸及蒸腾作用、光合作用构成重要影响，因此分别针对低温、饱和水汽压差、光周期等建立特征指标，再以一系列特征指标作为乘积因子构建生长季指数。

4.2.1.1 低温指标

对于植物而言，当土壤温度处于次优水平时，物候特征很大程度上取决于通过根部摄取的水分，故而当环境温度过低时（例如低于 -2℃），由于液态水结冰，将对植被发育构成显著的限制，此即植物发育的低温敏感性。表达式如式（4-18）所示：

$$iT_{min} = \begin{cases} 0, & T_{min} \leqslant T_{mmin} \\ \dfrac{T_{min} - T_{mmin}}{T_{mmax} - T_{mmin}}, & T_{mmax} > T_{min} > T_{mmin} \\ 1, & T_{min} > T_{mmax} \end{cases} \quad (4-18)$$

式中，T_{min}为日最低气温观测值，一般取 $T_{mmin} = -2℃$，$T_{mmax} = 5℃$。

4.2.1.2 饱和水汽压差指标

饱和水汽压差（Vapor Pressure Deficit，VPD）对叶片气孔的闭合有显著影响。当VPD值较低时，潜热损失低于水分获取，气孔不会受到影响；当VPD值较高时，即便土壤水分充足，气孔也将强制关闭，进而对植物物候造成影响。表达式如式（4-19）所示：

$$iVPD = \begin{cases} 0, & VPD \geqslant VPD_{max}, \\ 1 - \dfrac{VPD - VPD_{min}}{VPD_{max} - VPD_{min}}, & VPD_{max} > VPD > VPD_{min}, \\ 1, & VPD \leqslant VPD_{min}, \end{cases} \quad (4-19)$$

式中，$VPD_{max} = 4\ 100Pa$，$VPD_{min} = 900Pa$。

4.2.1.3 光周期指标

光周期指一天中白昼与黑夜的相对长度，以日照时长度量，对于特定地理位置，光周期不随年际变化。研究表明，光周期对于叶片发育有重要的调控作用，并会与温度共同作用于叶片物候。一般认为，光周期小于10小时时，植物冠层发育将被完全限制；当光周期大于11h时，植物冠层发育将不受限制。表达式如式（4-20）所示：

$$iPhoto = \begin{cases} 0, & Photo \leqslant Photo_{min}, \\ \dfrac{Photo - Photo_{min}}{Photo_{max} - Photo_{min}}, & Photo_{max} > Photo > Photo_{min}, \\ 1, & Photo \geqslant Photo_{max}, \end{cases} \quad (4-20)$$

式中，$Photo_{min} = 10h$，$Photo_{max} = 11h$。

4.2.1.4 生长季指数模型

将上述低温指标、VPD指标、光周期指标相乘，便形成生长季指数模型，表征主要气象条件对植物物候的限制作用。表达式如式（4－21）所示：

$$iGSI = iT_{min} \times iVPD \times iPhoto \tag{4-21}$$

式中，*i*GSI 为 GSI 的逐日值，由此便获取了生长季指标的时间序列，可据此对植物物候进行研究。

4.2.2 引入土壤湿度的积温模型

Yuan 等（2007）引入土壤湿度信息（Relative Soil Moisture，RSM）对积温模型的阈值（GDD_c）进行线性修正，模拟了锡林浩特羊草和克氏针茅的返青期，发现返青期模型对湿润年份的模拟精度有所提高，但对于干旱年份仍存在较大偏差。表达式如式（4－22）所示：

$$\begin{gathered} GDD(t) = \sum_{t=t_0}^{t_1} \max(T - T_{th}, 0) \\ GDD(t_1) \geqslant GDD_c - (a \times RSM + b) \end{gathered} \tag{4-22}$$

式中，a、b 为土壤湿度修正系数；RSM 为土壤相对湿度。

4.2.3 引入累积降水量的积温模型

Li 和 Zhou（2012）在积温模型基础上，引入累积降水量的约束条件模拟了东北地区树木的返青期，模拟精度获得了提升。模型修正后，达到返青的条件变更为：

$$P_{crit} = k_1 \times P_b + k_2 \times \sum_{1}^{y} R_i \quad 且\ F^* = \sum_{1}^{y} (T_i - T_b) \quad T_i \geqslant T_b \tag{4-23}$$

式中，P_b为前一年降水总量，R_i为当年日降水量。

上述研究表明，在积温驱动物候机理基础上考虑降水影响建立草本植物物候模型具有一定的合理性和可行性，但多数模型只是简单地将降水因素纳入模型，或做相关性分析，或做独立约束，很少综合考虑温度、水分等环境因子对草本植物物候的联合影响；而且对降水影响机制的描述还不够完善，相关研究还不够深入，缺乏降水影响植物物候的“过程表达”，仅体现了降水总量的“结果控制”作用，从而导致草本植物物候模型的模拟精度有待提高，其在不同物种、不同地域间的通用性也受到制约，尚需持续完善。

第五章　内蒙古羊草草原物候及其对气候变化的响应

我国内蒙古地区为典型的中温带季风气候，具有降水量少而不匀、四季气温变化剧烈的显著特点。自然条件的严酷性、气候的波动性，以及社会和经济条件的复杂性使这一地区成为对气候变化响应的敏感带（李青丰等，2002）。特别是内蒙古草原作为我国北方重要的生态屏障，是中国北方温带草原的主体，具有极其典型的代表性（张宏斌等，2009）。羊草是内蒙古草原主要的植被类型之一（中国科学院中国植被图编辑委员会，2007），对气候变化的响应较为敏感。因此，研究羊草草原物候及其对气候变化的响应，有助于增进内蒙古草原植被对气候变化响应的理解。本章从研究内蒙古羊草草原物候变化入手，综合运用地面观测和遥感监测两种手段，评估1982—2013年内蒙古羊草草原物候变化规律，再进一步结合各对应站点及对应年份的温度、降水数据，研究其物候变化与主要气象因子变化之间的作用关系。

5.1　内蒙古羊草草原物候对气候变化响应的研究进展

目前，关于内蒙古草原植被物候期及其对气候变化响应的监测主要采用地面观测和遥感监测两大类方法。

5.1.1 地面观测物候对气候变化的响应

地面观测方法主要是根据内蒙古各地区多年的农气观测站资料和气候数据，统计分析内蒙古典型草原植物物候对气候变化的响应（张峰等，2008；陈效逑和李倞，2009；杨晓华等，2010；顾润源等，2012）。一些研究表明，20多年来内蒙古典型草原和羊草草原的物候期均呈提前趋势（李荣平等，2006；顾润源等，2012）。其中典型草原返青期的提前主要与春季气温升高正相关，与日照时数负相关（顾润源等，2012），与降水的相关性因地域而异；羊草草原的返青期提前与春季气温升高正相关（李荣平等，2006；陈效逑和李倞，2009），黄枯期的提前与日照时数正相关。

陈效逑和李倞（2009）研究了1983—2002年内蒙古草原羊草物候期，发现大部分站点的羊草返青期和黄枯期呈提前趋势，尤其是额尔古纳右旗和察哈尔右翼后旗的返青期呈显著（$P<0.05$）提前趋势，分别提前了5天/10年和7天/10年；返青期与返青前一个月均温的负相关最为显著，气温每升高1℃，返青期提前2.4天。鄂温克旗和镶黄旗黄枯期的提前趋势显著，平均提前4天/10年和18天/10年；黄枯期早晚与黄枯前1个月和2个月平均气温相关，该时段平均气温越高，黄枯期越早。

张峰等（2008）研究了1985—2002年内蒙古克氏针茅草原物候变化，发现其返青期呈普遍延后趋势，返青期与年内最寒冷的1月月均温呈显著正相关；黄枯期呈普遍提前趋势，黄枯期与前1—2个月的降水量呈显著的正相关。

杨晓华等（2010）研究了1982—2006年锡林浩特地区草原植物物候变化，发现植物春季物候期呈延后趋势，与其前旬平均气温呈显著正相关；秋季物候期提前或推后并存，秋季物候与气温呈显著负相关。

顾润源等（2012）研究了1983—2009年内蒙古草原典型植物物候变化，发现植物物候期总体呈提前趋势，但地域差异明显。典型草原植物返青期与春季的3—5月累积气温呈显著负相关，与日照时数呈正相关，降水量的影响对不同草原区差异较大；典型草原区植物黄枯期呈提前趋势，其黄枯期早晚与黄枯前1—2个月平均气温呈显著负相关。草甸草原区植物黄枯期与前1—2个月的降水量和日照时数有关，与气温关系不显著。

李夏子和韩国栋（2013）研究了1983—2009年内蒙古东部草原植物物候的变化，发现优势牧草返青期变化与春季变暖相关。气温每升高1℃，鄂温克旗、额尔古纳市羊草和贝加尔针茅返青期提前1.7～1.9天；夏、秋季气温升高使优势牧草黄枯期延后，气温每升高1℃，额尔古纳市羊草和贝加尔针茅黄枯期推迟2～2.3天。

师桂花（2014）研究了1986—2012年锡林郭勒盟典型草原优势牧草克氏针茅的物候，发现其返青期呈极显著的延迟趋势，延迟了8.24天；0℃至返青期的累积温度对其返青期影响较大，累积温度每增加10℃返青期会延迟3.6天；克氏针茅黄枯期呈延迟趋势，延迟了2.27天，其黄枯期与8月份平均气温、日照时数和降水量显著负相关。

苗百岭等（2016）研究了2004—2013年内蒙古主要草原类型区优势物种物候期变化及其与气候因子的关系，发现典型草原植物返青期平均提前了4.01天，返青期与前3个月平均气温的负相关最为显著。气温每升高1℃，返青期提前1.123天。黄枯期延后了10.35天，黄枯期受夏季气温和前1—2月气温以及累积降水的共同影响，该时段气温每升高1℃，黄枯期约提前2.25天；当月降水每增加1mm，黄枯期约推后0.12天。

地面观测法主要是通过人工观测和记录植物的物候期（翟佳等，2015），在此基础上进行的物候对气候变化的响应研究是在物种水平上进行的（Menzel等，2006），很难从群落甚至生态系统角度反映植被物候对气候变化的响应。

5.1.2 遥感监测物候对气候变化的响应

在遥感监测方面，各研究主要是利用卫星遥感植被指数（如NDVI，EVI）时序数据提取植被返青期及黄枯期。例如，Piao等（2006）利用1982—1999年NOAA/AVHRR NDVI数据，采用多项式函数拟合法对NDVI时序数据进行拟合后，利用最大斜率阈值法识别了中国温带植被的物候期，发现返青期呈提前趋势，生长季结束日期成延后趋势：3—5月气温的升高导致返青期提前，8月中旬至10月气温的升高导致生长季结束日期延后。

王植等（2008）基于1982—2003年NOAA NDVI数据，采用逻辑斯蒂函数拟合法后，再利用曲率法研究了中国东部南北样带植被生长季起止日期，发现温带草原生长季起始和结束日期均呈提前趋势，生长季起始日期与前一年冬季和当年春季温度相关性较大，生长季结束日期与秋季降水相关。

辜智慧等（2005）利用 1983—1999 年 NOAA/AVHRR NDVI 数据，研究了内蒙古锡林郭勒草原的物候变化，发现植被在生长阶段与温度和降水的相关性较衰败阶段更大。

昝国盛和孙涛（2011）利用 1982—2006 年 GIMMS - NDVI 数据，对呼伦贝尔草原植被覆盖变化趋势进行了监测，发现其返青期呈提前趋势，黄枯期变化不大。返青期的提前主要受春季升温影响，而与降水关系不大。

王植等（2010）基于 NOAA NDVI 数据研究了中国东部南北样带植被春季物候变化，发现植被物候变化在大范围上受水热条件驱动，对降水敏感的地区主要位于内蒙古东部地区以及华北北部地区；随着样带地区 22 年来大部分地区春季降水减少、冬季降水增加，温带草原返青期呈提前趋势。

范瑛等（2014）利用 2000—2011 年的 MODIS EVI 数据，研究了内蒙古灌丛物候与气候变化的动态关系，发现内蒙古中西部草原灌丛返青期提前与春季均温升高和前一年秋冬降水增加有关，黄枯期提前与气温升高有关，降水增多会使黄枯期延迟。

Cong 等（2013）利用 1982—2010 年 NOAA/AVHRR NDVI 数据，研究了中国温带植被的返青期与气候变化的关系，发现返青期平均提前了 1.3 ± 0.6 天，主要与温度和降水变化相关。

Cao 等（2015）采用 2002—2010 年 MODIS EVI 数据，利用逻辑斯蒂函数法研究了内蒙古锡林郭勒草原植被的返青期，发现典型植被返青期年际变化趋势具有明显的空间差异性，这与水热等气候因素变化相关。

Sha 等（2016）利用 1998—2012 年 SPOT - VGT NDVI 数据，研究了内蒙古草原植被物候的时空变化，发现不同地区不同植被类型的变化趋势不同：草甸草原和典型草原返青期呈延后趋势，黄枯期呈提前趋势，但水热气候因素对二者的影响不完全一致；草甸草原的返青期主要与温度相关，黄枯期与温度和降水均相关，2—4 月的温度升高使植被返青期延后；典型草原的返青期与温度和降水均相关，3—4 月温度升高和降水增多使其返青期提前；草甸草原和典型草原植被的黄枯期与温度和降水均相关，3—5 月温度升高使其植被的黄枯期延后，4—6 月降水增多使其植被黄枯期提前，8—9 月降水增多使植被黄枯期延后。

由于遥感技术具有观测范围广的特点，这种方法可在群落或生态系统水平上监测植被物候对气候变化的响应（Badeck，2004；陈效逑和王林海，2009；Xu 等，2014）。

综上所述，目前关于内蒙古羊草草原物候及其对气候变化的响应研究大多数是基于地面观测的物候数据，或是基于遥感监测的物候数据进行研究，地面观测的物候数据获取相对困难，而遥感监测物候的结果大多缺乏地面物候观测的验证。因此，为更好地研究内蒙古羊草草原物候及其生长季对气候变化的响应，本章基于地面观测的物候数据、遥感监测 NOAA NDVI 数据和气候数据，结合中国植被类型图（中国科学院中国植被图编辑委员会，2007），选取覆盖内蒙古羊草草原的实验点，建立经过农业气象站站点地面物候观测结果验证的物候期识别方法，获得 1982—2013 年内蒙古羊草草原的遥感监测物候期；再进一步结合各对应站点及对应年份的温度、降水数据，研究大范围物候变化与主要气象因子变化之间的作用关系。

5.2 研究区域概况

5.2.1 内蒙古地区概况

内蒙古地区位于我国北部边疆，由东北向西南斜伸，呈狭长形。东起东经 126°04′，西至东经 97°12′，横跨经度 28°52′，东西直线距离 2 400km；南起北纬 37°24′，北至北纬 53°23′，南北直线距离 1 700km。全区总面积 118.3 万 km^2（王娟等，2012；张存厚，2013），占我国土地面积的 12.3%，是中国第三大省区（佟斯琴，2019）。内蒙古地区地势较高，平均海拔高度 1 000m，基本上是一个高原型的地貌区（纪文瑶，2013；张超，2013），地貌以蒙古高原为主，形态复杂多样，除东南部外，基本是高原，由呼伦贝尔高平原、锡林郭勒高平原、巴彦淖尔—阿拉善及鄂尔多斯高平原组成。

内蒙古地区地域广阔，所处纬度较高，高原面积大，距离海洋较远，边沿有山脉阻隔，位于由西北内陆干旱、半干旱气候向东南沿海湿润、半湿润季风气候的过渡带，气候以温带大陆性季风气候为主。大兴安岭北段地区属于寒温带大陆性季风气候，巴彦浩特—海勃湾—巴彦高勒以西地区属于温带大陆性气候。内蒙古地区日照充足，光能资源非常丰富，全年太阳辐射量从东北向西南递增。年平均气温为0℃ ~8℃，热量条件能够满足一年一熟制牧草返青和生长需要（陶伟国，2007）。春季气温骤升，多大风天气，夏季短促而炎热，秋季气温剧降，霜冻往往早来，冬季漫长严寒，多寒潮天气（张超，2013）。降水量少而不匀，风大，寒暑变化剧烈（纪文瑶，2013）；降水量由东北向西南递减，年总降水量为 50 ~450mm，降雨量集中在6—8 月（王娟等，2012）。

5.2.2 内蒙古羊草草原

内蒙古草原植被类型呈现明显的地带性特征，从东至西依次分布有温带草甸草原、温带典型草原和温带荒漠草原。内蒙古典型草原主要分布于呼伦贝尔高原的西部，锡林郭勒高原的大部以及阴山北麓、大兴安岭南部、西辽河平原等地，占全国草地总面积的 10.5%（中国科学院中国植被图编辑委员会，2007）。主要的典型草原有针茅典型草原、羊草典型草原、冷蒿退化草原等。其中，针茅草原和羊草草原面积分布最大，具有较好的代表性，本章主要研究对象是内蒙古羊草草原。

5.3 实验数据和技术路线

地面观测的物候数据采用国家气象中心提供的内蒙古地区各气象站观测的物候数据。由于获取的地面物候观测数据有限，因此采用了额尔古纳市（50°15′N，120°11′E）、鄂温克自治旗（49°09′N，119°45′E）、扎鲁特旗巴雅尔图胡硕镇（45°04′N，120°20′E）和镶黄旗（42°14′N，113°50′E）4 个站点 1982—2011 年 113 个样本点的羊草返青期和黄枯期作为遥感识别方法的地面验证数据。

遥感数据采用 NOAA NDVI 3g 数据，其空间分辨率为 8 km，时间范围为 1982—2011 年。该数据产品为 15 天合成最大值，每年含有 24 个数值，1982—2011 年的 NDVI 时序数据共含有 768 个数值。实验测试点是基于 1∶100 万中国植被类型图（中国科学院中国植被图编辑委员会，2007）选取的覆盖内蒙古羊草草原且与农业气象站和气象站点邻近的像元。

气象数据均来源于中国气象科学数据共享服务网（http://cdc.cma.gov.cn/），选取覆盖内蒙古羊草草原的 15 个气象站点的日均温度数据和降水数据，数据时间段为 1982—2011 年。

实验技术路线如图 5.1 所示。

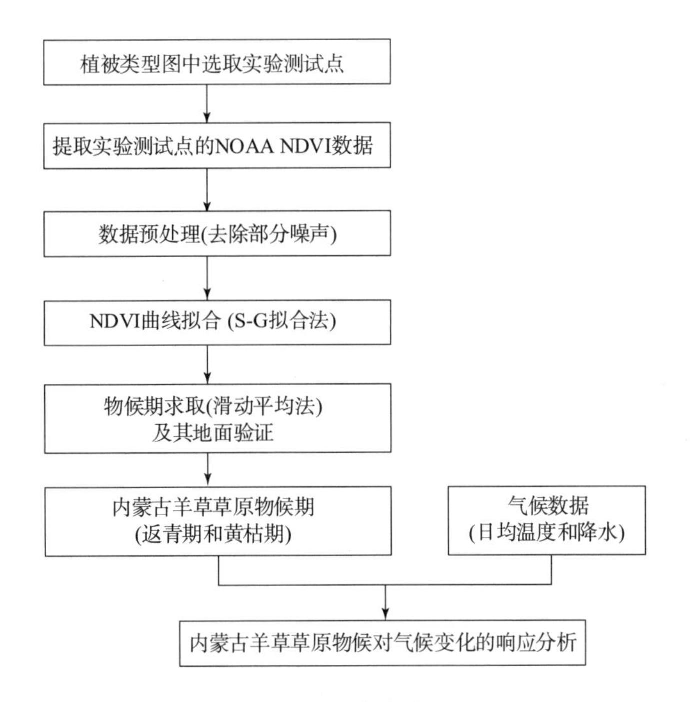

图 5.1　技术路线图

5.4 羊草草原物候的遥感识别

5.4.1 羊草草原物候识别方法

5.4.1.1 NDVI 曲线拟合去噪声方法

本实验采用 S－G 滤波法对内蒙古羊草草原的 NDVI 曲线进行拟合（范德芹等，2016），其原理详见第三章 3.1.4 节式（3－5）。实验中取$m=9$，拟合阶次为 3，系数 C_{-4}至 C_4的取值依次为：28/462、7/462、－8/462、－17/462、－20/462、－17/462、－8/462、7/462、28/462。S－G 滤波法拟合去噪效果如图 5.2 所示。

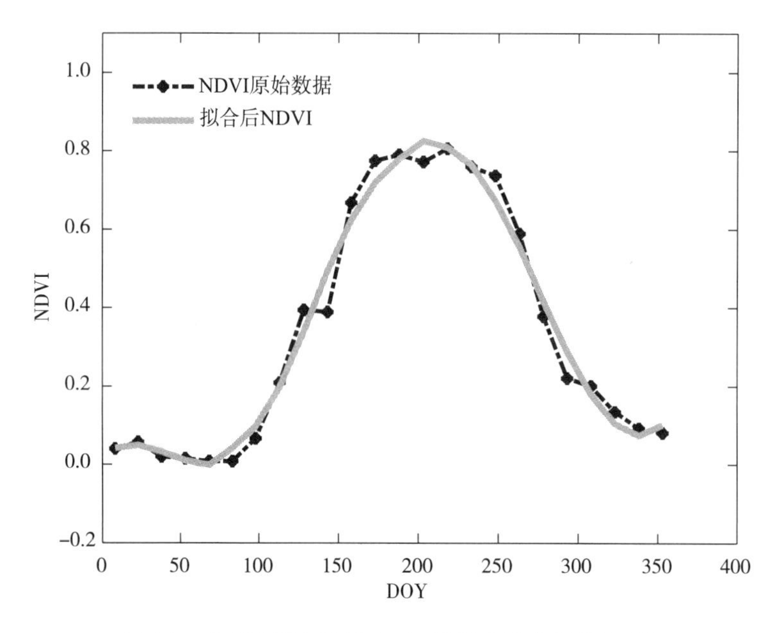

图 5.2　NDVI 时序数据 S－G 滤波法拟合去噪效果图

5.4.1.2 物候期求取方法

对于物候期求取方法，实验采用滑动平均法（Reed 等，1994 Duchemin 等，1999），其表达式详见第三章 3.2.4 节式（3－10）。实验对比分析了 180 ~ 290 间隔为 10 个 DOY 的 12 个窗口宽度，通过比较返青期、黄枯期识别结果的稳定性、遥感识别结果与地面观测结果的一致性，确定返青期和枯黄期识别的最佳窗口宽度分别为 280 和 190，如图 5. 3 所示。

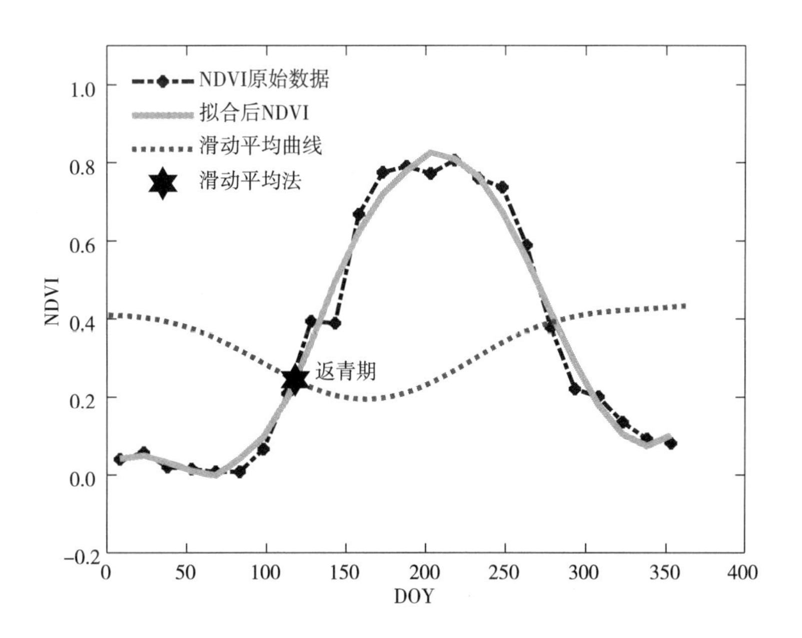

图 5. 3　NDVI 时序数据滑动平均法求取返青期

5. 4. 2　物候期识别结果与验证

图 5. 4 和图 5. 5 给出了扎鲁特旗巴雅尔图胡硕镇气象站、额尔古纳市气象站、鄂温克自治旗气象站、镶黄旗 4 个气象站 1982—2011 年遥感识别的返青期和黄枯期与地面物候观测值的相关性分析结果。可以看出，基于 S – G 滤波拟合后采用滑动平均法识别的返青期和黄枯期与地面观测结果呈现出较显著的正相关性，表明这种识别方法获得的返青期与黄枯期变化趋势与地面观测结果一致。遥感识别的返青期和黄枯期与地面观测值之间的相关性均较高，4 个气象站点附近遥感监测的物候与地面观测物候的相关系数 r 为 0. 43 ~ 0. 63，显著性水平 P 为 0. 005 ~ 0. 05；同时，遥感识别的返青期和黄枯期与地面观测结果在数值上的差别主要集中在 10 ~ 30 天，这可能与两种观测手段的不同有关。因为地面观测的物候期是从植物个体尺

度观测的，而遥感监测的物候期是在群落甚至生态系统尺度监测的，从而导致大部分遥感监测结果可能较地面观测结果有所滞后。

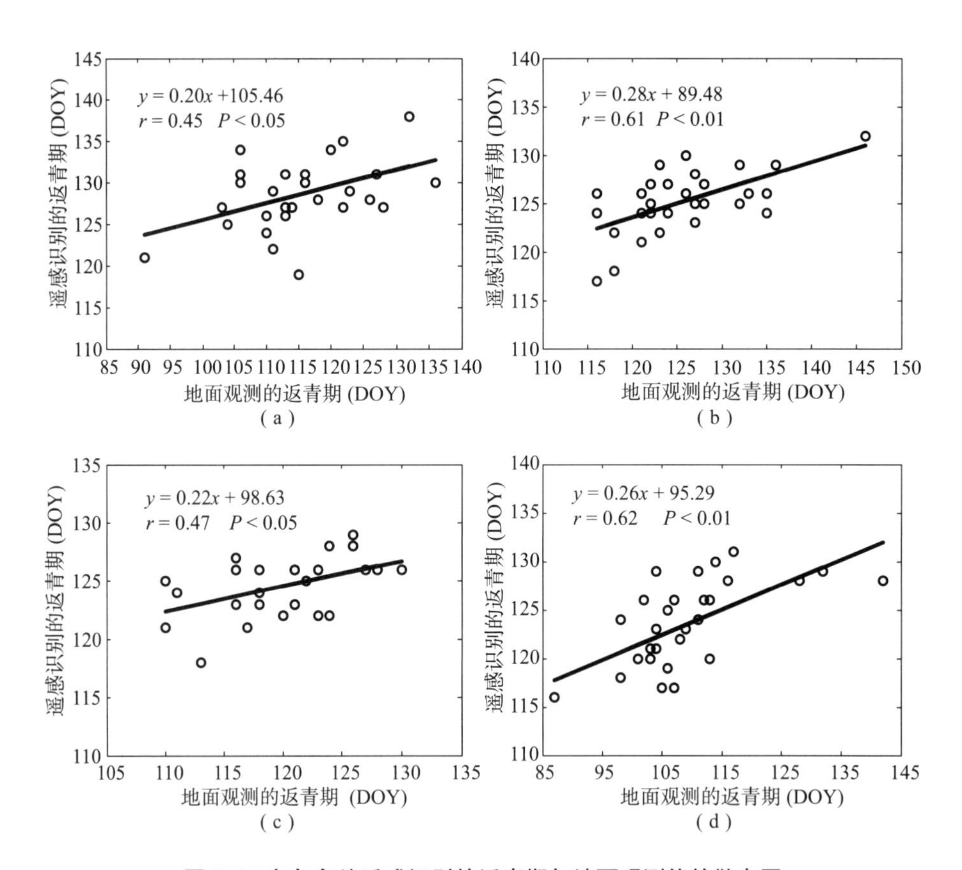

图 5.4 各气象站遥感识别的返青期与地面观测值的散点图

(a) 扎鲁特旗巴雅尔图胡硕镇；(b) 额尔古纳市；(c) 鄂温克自治旗；(d) 镶黄旗

物候期识别方法的地面验证结果表明，遥感物候期识别结果与各气象站观测结果在物候变化趋势上具有较好的一致性，因此，采用 S－G 滤波法拟合重建及滑动平均法识别羊草草原的返青期和黄枯期，并据此开展物候对气候变化的响应分析。

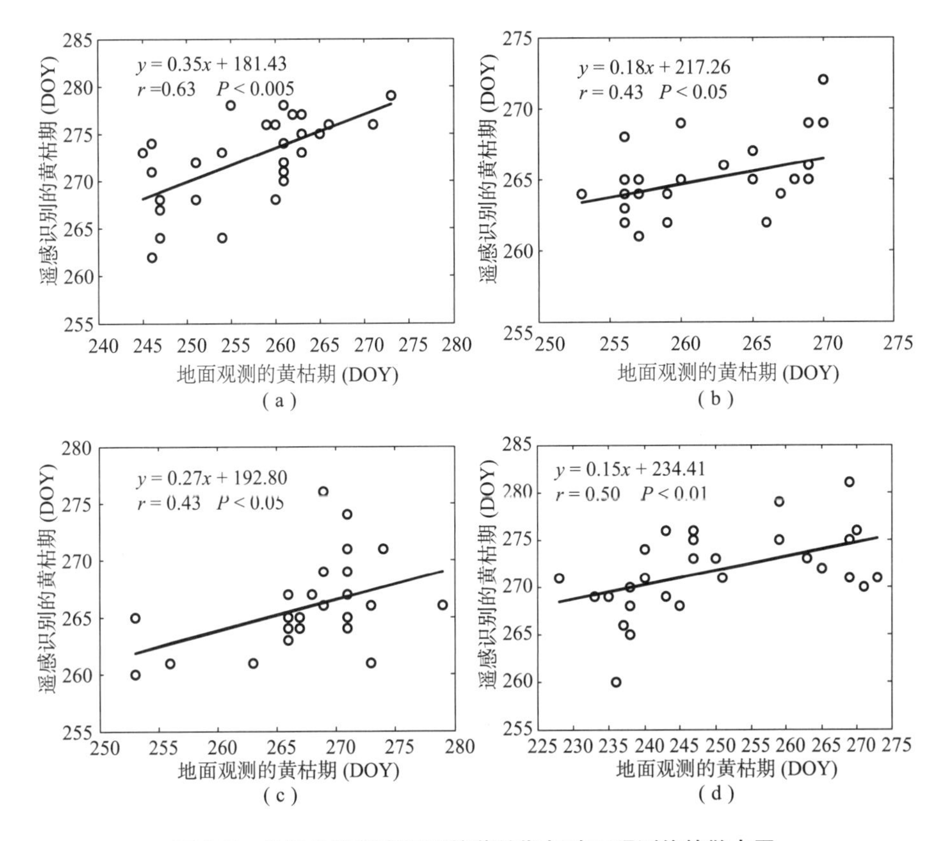

图 5.5 各气象站遥感识别的黄枯期与地面观测值的散点图

（a）扎鲁特旗巴雅尔图胡硕镇气象站；（b）额尔古纳市气象站；

（c）鄂温克族自治旗气象站；（d）镶黄旗气象站

5.5 羊草草原物候对气候变化的响应

5.5.1 内蒙古羊草主要覆盖地区 1982—2013 年四季温度和降水变化

为研究内蒙古羊草主要覆盖地区四季温度和降水对返青期的影响，对1982—2013 年的温度和降水变化情况进行了统计分析，方法如下：

（1）时间平均：利用各站点 1982—2013 年的日均温度和降水数据，

逐个站点、逐年求取各季度日均温度和日降水平均值。

（2）空间平均：逐年、逐个季度求取所有站点季度均温和季均降水的空间平均值。

（3）求取距平值：将每年、多点平均后的四季均温和四季均降水与多年、多点平均后的四季均温和四季均降水相减，获得各季度每年的平均温度相对于多年平均温度的差量、平均降水相对于多年平均降水的差量。

（4）趋势分析：对距平值按年份进行统计分析，研究近年来四季温度和降水变化趋势。

此处参考北温带关于季节的时间范围的定义，秋季为 9 月、10 月、11 月，冬季为 12 月、1 月和 2 月，春季为 3 月、4 月、5 月，夏季为 6 月、7 月、8 月。

图 5. 6（a）至图 5. 6（d）为内蒙古羊草草原主要覆盖地区各站点四季日均温度 1982—2013 年距平值变化量统计结果。趋势分析表明，1982—2013 年，内蒙古羊草草原春季、夏季、秋季三个季节日均温度呈升高趋势，其中春季日均温度升高了 1℃，夏季日均温度升高了 2. 04℃，秋季日均温度升高了 1. 27℃，冬季日均温度降低了 0. 3℃。

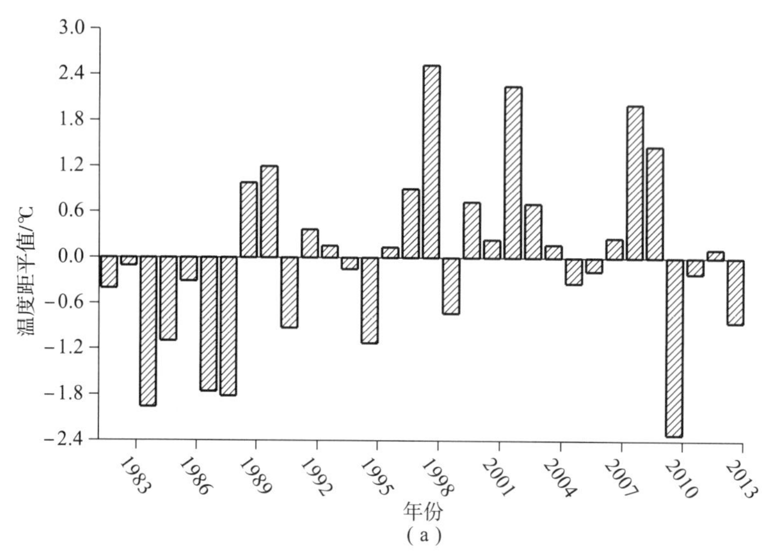

图 5. 6　内蒙古羊草主要覆盖地区 1982—2013 年四季日均温度变化

（a）春季温度距平值变化

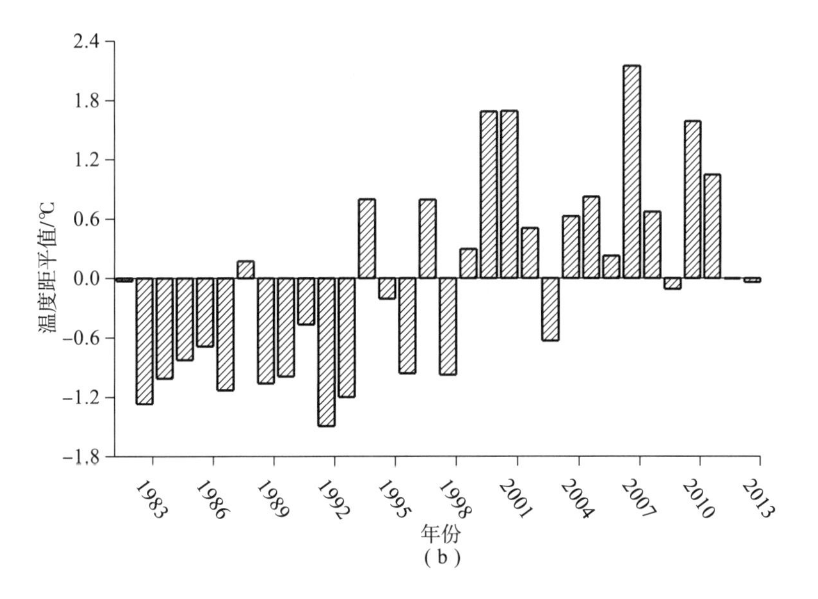

(b)

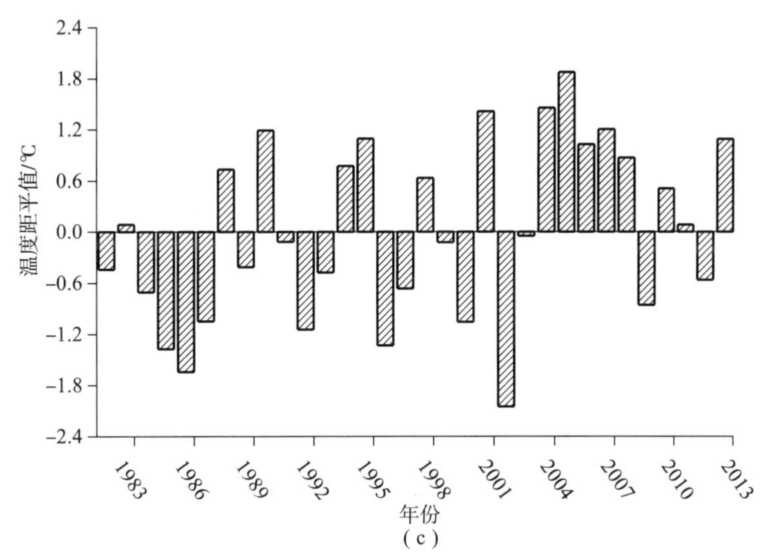

(c)

图 5.6　内蒙古羊草主要覆盖地区 1982—2013 年四季日均温度变化（续）

(b) 夏季温度距平值变化；(c) 秋季温度距平值变化

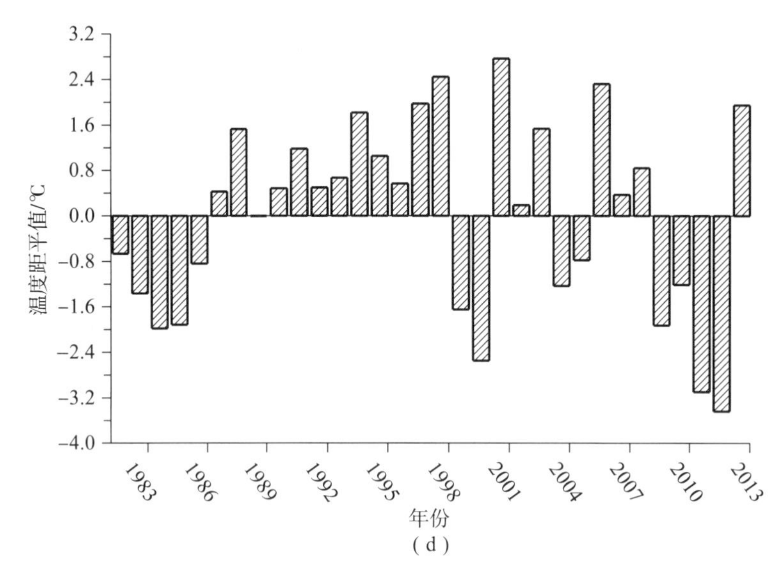

图 5.6　内蒙古羊草主要覆盖地区 1982—2013 年四季日均温度变化（续）

（d）冬季温度距平值变化

图 5.7（a）~5.7（d）为各气象站点 1982—2013 年四季日均降水距平值变化量统计结果。

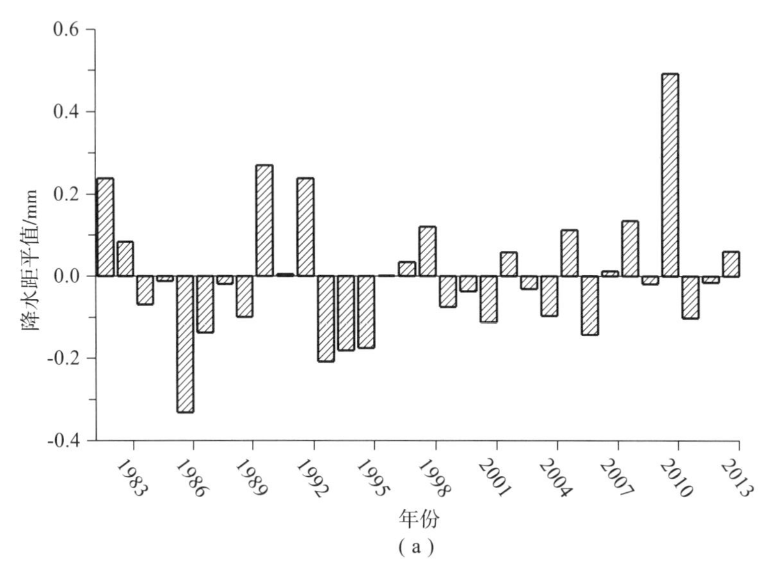

图 5.7　内蒙古羊草主要覆盖地区 1982—2013 年四季日均降水变化

（a）春季降水距平值变化

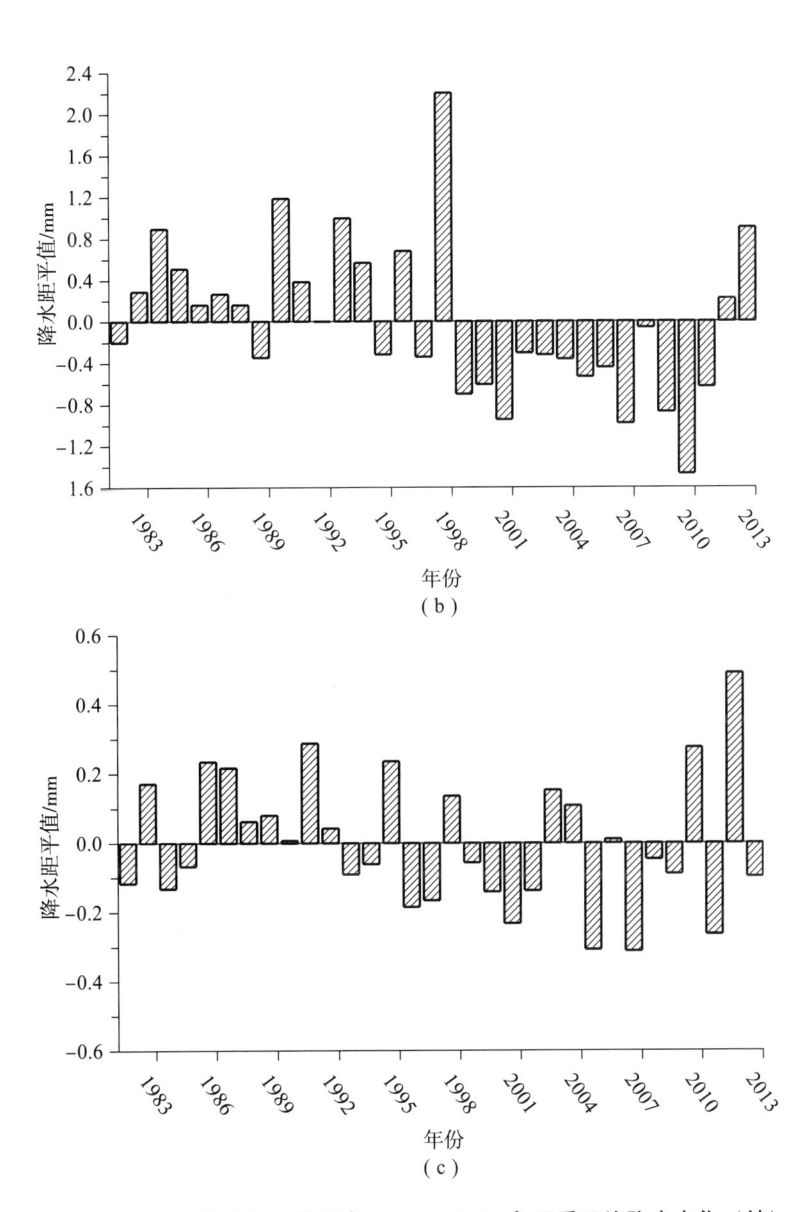

图 5.7　内蒙古羊草主要覆盖地区 1982—2013 年四季日均降水变化（续）

（b）夏季降水距平值变化；（c）秋季降水距平值变化

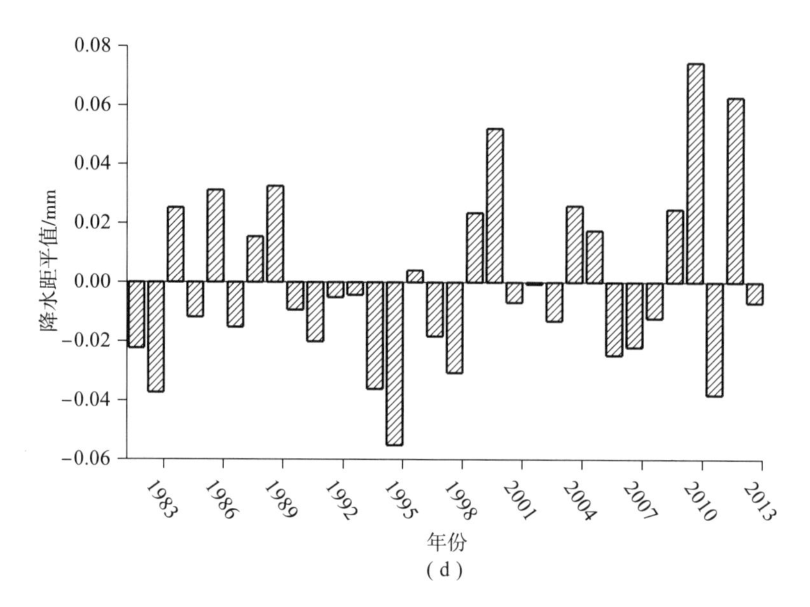

图 5.7　内蒙古羊草主要覆盖地区 1982—2013 年四季日均降水变化（续）

（d）冬季降水距平值变化

趋势分析表明：1982—2013 年，内蒙古羊草草原春季、冬季两季的日均降水呈增加趋势，春季日均降水量增加了 0.08mm，冬季日均降水量增加了 0.02mm，春季降水量增加相对明显；夏季、秋季两季的降水呈减少趋势，夏季的日均降水量减少了 1.04mm，秋季日均降水量减少了 0.19mm。夏季降水量明显减少，这可能与近些年夏季气候干旱相关。

5.5.2　1982—2013 年内蒙古羊草草原物候及其生长季时空变化

在 15 个气象站点附近选取 1982—2013 年的 NDVI 数据，基于 S－G 滤波法拟合重建 NDVI 曲线后，采用滑动平均法识别了羊草草原的返青期和黄枯期。为分析相同年份各气象站点物候期识别结果的统计分布情况，图 5.8～图 5.10 给出了每年各站点物候期的四分位图分析结果；为分析物候期随年份的变化规律，对各站点遥感识别的物候期随年份变化做了线性拟合分析，在图 5.8～图 5.10 中增加了物候期随年份变化的趋势线及其显著性评估结果。

从图 5. 8 可以看出，1982—2013 年各站点返青期主要集中在每年的第 110 ~ 130 天，同时发现 1982—2013 年的返青期呈现出较显著的提前趋势，平均提前了 2. 2 天/10 年。

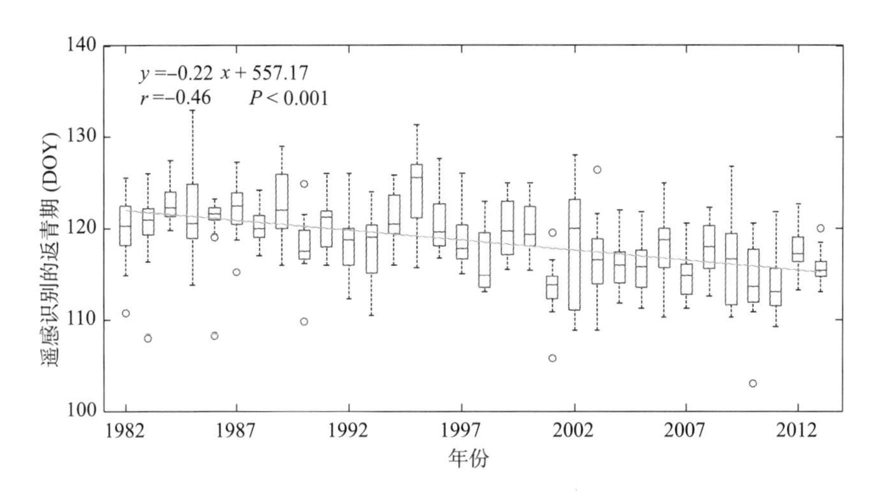

图 5. 8　各站点 1982—2013 年返青期变化趋势

从图 5. 9 可以看出，1982—2013 年各站点黄枯期主要集中在每年的第 255 ~ 275 天，同时发现 1982—2013 年的黄枯期变化趋势不明显。

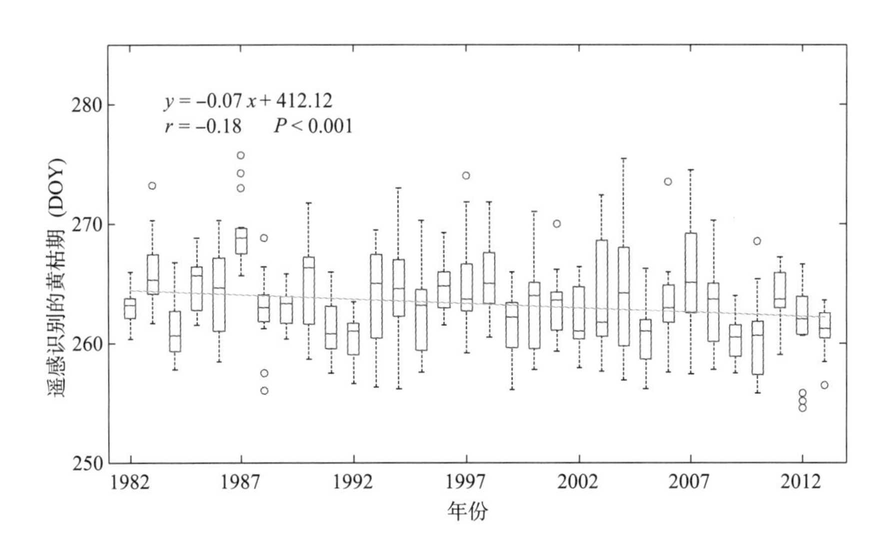

图 5. 9　各站点 1982—2013 年黄枯期变化趋势

从图 5.10 可以看出，1982—2013 年各站点生长季长度主要在第 135 ~ 155 天，呈不显著的延长趋势，延长了 1.4 天/10 年，这主要是由于返青期提前导致的。

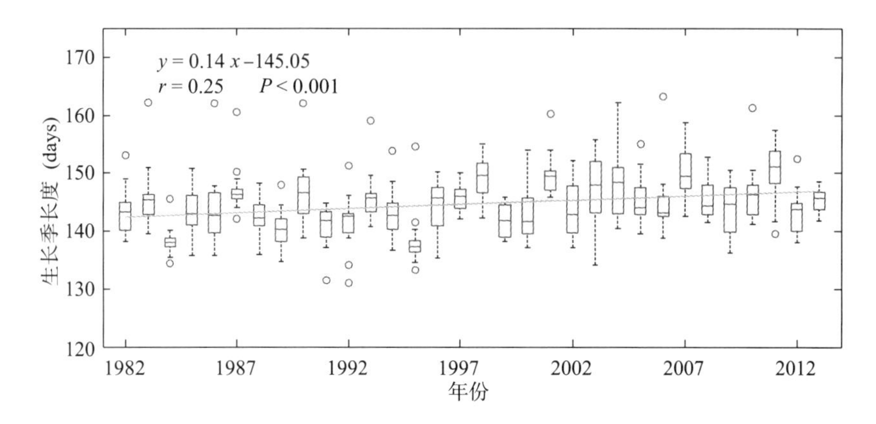

图 5.10 各站点 1982—2013 年生长季长度变化趋势

通过上述分析可知，同一年内，不同气象站点的返青期、黄枯期、生长季长度均存在一定的差异，物候期呈现出明显的空间分布特征，这与不同气象站点附近的遥感试验点所处的地理环境及气候条件有关。对于干旱、半干旱地区的草原植被而言，温度、降水空间分布的差异可能是造成不同遥感实验点物候期差异的重要原因。比较物候期的年际变化规律可知，1982—2013 年返青期的提前趋势较为显著，黄枯期的变化趋势相对不明显，这表明返青期对气候条件的变化响应可能更为敏感，因此研究返青期与主要气候因子的关系及其气候响应机制，对于开展大面积物候变化预测、认识气候变化对植被物候的影响等均具有重要参考价值。

5.5.3 羊草草原物候变化对气候变化的响应分析

表 5.1 给出了 1982—2013 年内蒙古 15 个气象站点附近羊草草原的返青期、黄枯期、生长季长度变化量及与温度、降水因素相关性分析结果。

表 5.1 1982—2013 年内蒙古羊草草原物候对气候变化的响应

站点名称	返青期变化量/天	黄枯期变化量/天	生长季长度变化量/天	返青期与春季平均气温的相关系数	返青期与4月平均气温的相关系数	返青期与5月上旬平均气温的相关系数	黄枯期与8月平均气温的相关系数	返青期与前一年10月至当年4月累积降水量相关系数
额尔古纳右旗	-7.9	-3.0	4.9	-0.42	-0.36	-0.66	-0.11	-0.21
满洲里	-9.0	-3.7	5.3	-0.29	-0.24	-0.45	-0.32	-0.44
海拉尔	-8.4	-3.0	5.4	-0.39	-0.31	-0.47	-0.20	-0.44
新巴尔虎右旗	-8.8	-0.2	8.6	-0.31	-0.26	-0.31	-0.22	-0.42
新巴尔虎左旗	-8.6	-1.0	7.6	-0.40	-0.37	-0.42	-0.16	-0.28
东乌珠穆沁旗	-10.1	-2.4	7.7	-0.005	0.08	-0.25	-0.09	0.12
阿巴嘎旗	1.0	-2.0	-3.0	0.25	0.37	0.24	-0.42	0.12
集宁	-6.9	0.2	7.1	-0.33	-0.20	-0.45	-0.1	-0.46
西乌珠穆沁旗	-12.4	-3.6	8.8	-0.04	0.07	-0.03	-0.28	0.03
扎鲁特旗	-7.6	-3.1	4.5	-0.07	-0.05	-0.17	-0.32	-0.03
巴林左旗	-7.7	-4.3	3.4	-0.42	-0.23	-0.46	-0.36	-0.30
锡林浩特	-4.1	0	4.1	-0.56	-0.39	-0.44	-0.34	-0.16
开鲁	-2.3	-2.6	-0.3	-0.04	0.06	0.09	0.16	-0.48
通辽	-6.9	-3.9	3.0	-0.05	0.05	-0.02	-0.19	-0.51
多伦	-1.3	-1.4	-0.1	-0.20	-0.1	-0.19	-0.38	-0.22

从表 5.1 可以看出，1982—2013 年各站点返青期均呈提前趋势，大部分站点返青期提前 7 ~ 10 天，少部分站点返青期提前 1 ~ 4 天。返青期与温度、降水的相关性分析结果表明，其变化与春季温度、冬春累积降水有明

显的相关性。返青期与春季气温尤其是当年 4 月、5 月上旬平均气温呈负相关关系，与春季平均气温的相关系数大部分为 -0.6 ~ -0.2，与 4 月平均气温的相关系数大部分为 -0.4 ~ -0.1，与 5 月上旬平均气温的相关系数大部分为 -0.7 ~ -0.2。这种相关性的内在生长机制可能在于：羊草返青前需经历一定程度的抗寒锻炼及温度驱动作用。对于内蒙古地区而言，冬春温度普遍较低，充足的抗寒锻炼可以自然满足，因而温度驱动作用的强弱也就是返青前春季气温的高低，便成了影响返青期的重要气象因素。

除温度的显著驱动作用外，降水量对羊草草原的驱动效果也十分明显，大部分站点的羊草草原返青期与前一年 10 月至当年 4 月的累积降水量呈负相关关系，相关系数大部分为 -0.5 ~ -0.2。这种相关作用的内在生长机制可能在于：在干旱、半干旱地区，在种子发育的休眠期（Cesaraccio 等，2004），土壤墒情会对发育速度造成一定影响，在温度满足一定条件的前提下，充分的降水会对植被返青起到促进作用。

1982—2013 年羊草草原的黄枯期也呈提前趋势，与返青期的提前量相比，黄枯期的提前幅度较小，仅提前了 0 ~4 天。黄枯期的变化主要与当年 8 月的平均气温呈负相关关系，各站点黄枯期与 8 月平均气温相关系数为 -0.5 ~ -0.1，即黄枯前的气温越高，黄枯期越提前。

1982—2013 年羊草草原的生长季长度整体上呈延长趋势，大部分气象站点延长了 3 ~9 天。生长季长度的变化是返青和黄枯两种发育过程的综合作用结果。羊草草原的生长季延长主要是由返青期提前引起的，虽然大部分站点的黄枯期呈现出一定的提前趋势，但返青期提前的趋势更加明显。因此，生长季长度变化的主要影响因素与春季物候的影响因素相近，春季温度及冬春累积降水起得作用较大，秋季温度也有一定影响。

为研究内蒙古羊草草原的物候期（返青期和黄枯期）及生长季长度对气候变化的响应，本课题组基于 NOAA NDVI 数据和内蒙古部分气象站点的羊草物候期地面观测数据，在对原始植被指数数据进行去噪预处理（范德芹等，2013）的基础上，首先，基于 S - G 滤波法进行 NDVI 植被指数曲线重建后，采用滑动平均法进行了返青期和黄枯期的求取，并结合地面物候观测结果进行了验证，发现滑动平均法识别的物候期与地面观测结果具有较好的一致性；然后，围绕内蒙古羊草草原 15 个气象站点进行了遥感选点及物候期求取，并结合气候数据对返青期、黄枯期和生长季长度的变化趋势进行了分析，研究了物候期与气候变化的相关性。研究结果表明：1982—2013 年内蒙古羊草草原的返青期和黄枯期均呈提前趋势，但返青期较黄枯期提前趋势更加明显，从而使生长季长度呈延长趋势；返青期的提前与春季气温升高有关，尤其与当年 4 月和 5 月上旬气温的负相关作用明显，与前一年 10 月至当年 4 月累积降水量增加也有显著的负相关性；黄枯期的延后主要与当年 8 月气温的升高有关，与降水的相关性不大。

为更好地研究气候对物候变化的影响，对于干旱、半干旱地区的草原植被而言，在日后的研究中有必要考虑温度和降水两种主要气象因素的联合影响，甚至同时考虑光照、土壤含水量等的综合影响，结合植物物候模型、地面物候观测和遥感监测，从机理层面深入诠释植物物候对气候变化的响应。

第六章　青藏高原小嵩草高寒草甸返青期遥感识别

6.1　研究区域概况

6.1.1　青藏高原地理概况

青藏高原位于亚洲大陆南部，是世界上海拔最高、地形最复杂的高原，平均海拔在 4 000m 以上，超过对流层中部高度水平，被称为世界“第三极”。作为中纬度地区面积最大的地理单体，青藏高原自然环境及资源特征独特（赵东升等，2006），已成为中外气象学家、生态学家的重点研究对象。

青藏高原在我国境内部分横跨 31 个经度，西起帕米尔高原，东至横断山脉，东西长约 3 000km；纵贯 13 个纬度，南自喜马拉雅山脉南缘，北迄昆仑山—祁连山北侧，南北宽达 1 352km。经纬度主要范围在 26°00′12″N ~ 39°46′50″N、73°18′52″E ~ 104°46′59″E 之间（张镱锂等，2002），主要包括我国青海省和西藏自治区，以及云南省、四川省、甘肃省、新疆维吾尔自治区的部分地区。

6.1.2　青藏高原气候概况

青藏高原是我国气候变化的启动区和敏感区（冯松和汤懋苍，1998），也是全球气候变化的敏感区和脆弱区（李林等，2010），其相对于全球的气候变化具有5年以上的超前趋势，是其周围地区气候变化的先兆区，具有预警意义；其热力和动力作用对全球的大气环流演变有极其重要的影响。青藏高原地区受人为因素的干扰相对较小，该区域的自然环境和生态系统具有独特性、原始性和脆弱性的特点（李爽，2011），是“全球变化与地球系统科学统一研究的最佳天然实验室”（毕思文，1997）。

青藏高原地区的基本气候特征是：东南地区相对温暖湿润，西北地区相对寒冷干旱，由东南向西北气候呈现过渡特征（叶笃正和高由禧，1979）。

从热量条件看，青藏高原边缘基本上属于高原温带，而内部为亚寒带。最近几十年内青藏高原气温变化总体呈上升趋势（林振耀和赵昕奕，1996；朱文琴等，2001；李林等，2003；Oku 等，2006），从1950年至1960年气温降低，之后至1990年气温升高（朱文琴等，2001），且升温幅度随海拔高度升高而增大，升温趋势超过同一时期北半球和同纬度地区的平均水平（Liu 和 Chen，2000）。

青藏高原北部气温变化幅度比南部大，西部气温变化幅度比东部大。在四季温度变化中，冬季温度的变化更为明显（向波等，2001）。青藏高原南部地区年平均气温变化与北部地区相比呈现出一定的反相性（冯松，1999）。

青藏高原年平均温度除山南地区（16℃～20℃）、泽当以东雅鲁藏布江谷地（8℃～10℃）、河惶谷地（4℃～8℃）和柴达木盆地（2℃～5℃）等略高外，广大地区年平均温度都很低。青藏高原大部分地区大于10℃的积温不足2 000℃，青南和藏北的积温甚至在500℃以下（曾彪，2008）。

青藏高原内部平均日最低温低于0℃、低于－10℃和低于－20℃的日数分别为300天、200天和100天；在青藏高原东部，年均气温低于0℃，最冷月气温低于－10℃（张家诚，1991；吴征镒，1995）。

从湿度条件分析，东喜马拉雅山南翼为湿润区，东唐古拉南翼为湿润—半湿润区，果洛、玉树、那曲、当曲为半湿润区，其余广大地区均为干旱—半干旱区，且干旱程度自东南向西北逐渐加深（余莲，2011）。近几十年来青藏高原地区的降水量呈增加趋势，但降水量的变化存在季节性和区域性差异（刘晓东等，1998；姚檀栋等，2000；朱文琴等，2001；余莲，2011）。青藏高原东部年均降水量为350～550 mm，主要集中在6—9

月（张家诚，1991；吴征镒，1995）。

此外，从积雪角度分析，青藏高原积雪主要发生在上一年10月至当年5月，近几十年来总体上呈平缓的增加趋势（朱玉祥和丁一汇，2007；王澄海等，2009；余莲，2011）；同时，青藏高原的多年冻土活动层厚度、多年冻土分布面积、冻土敏感区的最大冻结深度均呈减小趋势（王绍令，1997；王澄海等，2001；王澄海等，2009）。

6.1.3 青藏高原小嵩草高寒草甸分布

青藏高原在独特的高寒气候条件下，从东南至西北依次分布着高寒草甸、高寒草原、高寒半荒漠和高寒荒漠等植被类型。

青藏高原高寒草甸主要位于青藏高原东部，广泛分布在高海拔和高纬度地区（周兴明，2001），其海拔主要在3 000m以上，是独特的高原地带类型，是对气候变化响应最脆弱和敏感的生态系统（Intergovernmental Panel on Climate Change，2007）。其分布区自然环境的基本特点是：地势高、气候冷、半湿润、日照足、辐射强和大风多；土壤以高山草甸土为主（吴征镒，1995），其表层常有发育程度不同的草根层，土层较薄，富含有机质，但有效养分一般不高，呈微酸性至中性反应。高寒草甸群落具有植物生长发育密集、群落覆盖度大、草层低矮、结构简单、无层次分化或稍有亚层分化、生长季短、生物产量低等特点。组成植物主要是寒冷的高山种类，它们有株矮、丛生、莲座状、叶小、被茸毛、进行营养繁殖等一系列抗寒耐寒的生物—生态学适应特性。

青藏高原高寒草甸的面积为64万km^2，包含了30多种高寒草甸类型，植物种类主要有小蒿草、紫花针茅、异针茅、圆穗蓼、矮蒿草、线叶蒿草、四川蒿草等典型物种及其伴生物种。其中，小嵩草高寒草甸是青藏高原的主要高寒草甸类型之一，呈大面积分布，其面积为35万km^2，占青藏高原高寒草甸总面积的54.6%，具有较好的代表性，因此，本章主要研究小嵩草高寒草甸的返青期。

6.2 实验数据和技术路线

本实验地面观测的物候数据来自国家气象中心提供的青藏高原各气象

站的物候观测数据，由于获取的数据有限，共选取了甘德县 1991—2010 年和海晏县 1997—2010 年地面物候观测的返青期作为实验验证数据。

遥感数据采用 NOAA/GIMMS 的 NDVI 3g 数据，其分辨率为 8 km，时间段为 1991—2010 年。该数据为 15 天合成，因此每年包含 24 期数据，1991—2010 年共包含 480 期数据。遥感数据的实验测试点是基于 1∶100 万的中国植被类型图（中国科学院中国植被图编辑委员会，2007）选取的覆盖青藏高原小嵩草高寒草甸且与海晏县和甘德县农业气象站邻近像元的 NDVI 时序数据。

实验的技术路线如图 6.1 所示，首先根据获取的遥感数据采用 8 种返青期识别方案（见表 6.1）对青藏高原小嵩草高寒草甸的返青期进行识

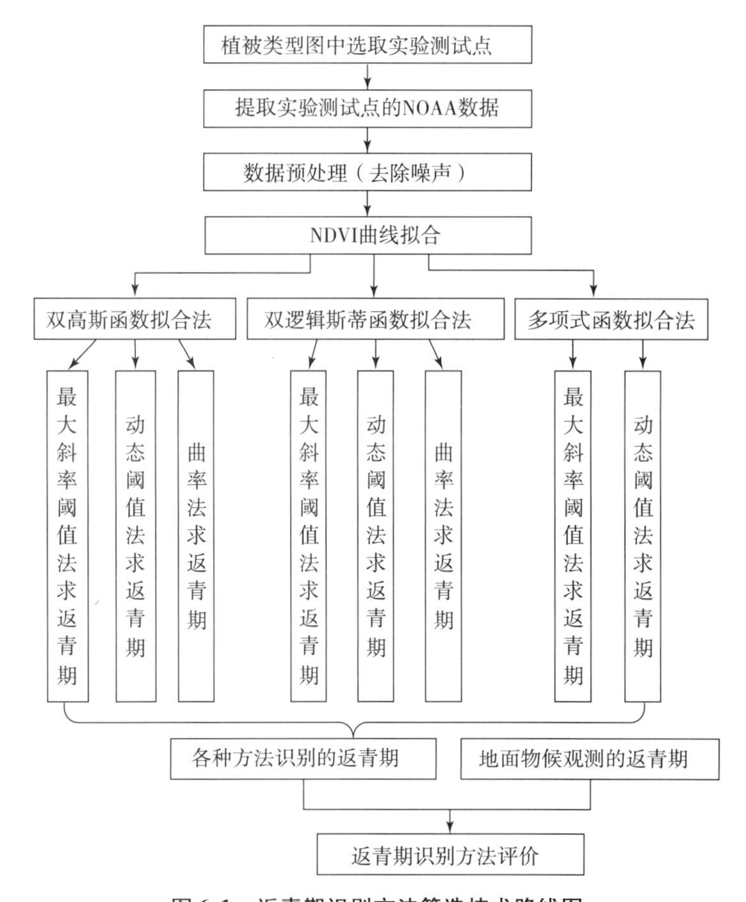

图 6.1　返青期识别方法筛选技术路线图

别，然后将各种识别方案得到的返青期与地面物候观测值进行对比分析，从而获取青藏高原小嵩草高寒草甸返青期的最佳识别方案。

表 6.1 返青期识别方案

序号	返青期识别方法	简称	曲线拟合法	返青期求解方法
1	双高斯函数拟合法 + 最大斜阈值率法	DG - K	双高斯函数拟合法	最大斜率阈值法
2	双高斯函数拟合法 + 动态阈值法	DG - T	双高斯函数拟合法	动态阈值法
3	双高斯函数拟合法 + 曲率法	DG - C	双高斯函数拟合法	曲率法
4	双逻辑斯蒂函数拟合法 + 最大斜率阈值法	DL - K	双逻辑斯蒂函数拟合法	最大斜率阈值法
5	双逻辑斯蒂函数拟合法 + 动态阈值法	DL - T	双逻辑斯蒂函数拟合法	动态阈值法
6	双逻辑斯蒂函数拟合法 + 曲率法	DL - C	双逻辑斯蒂函数拟合法	曲率法
7	多项式函数拟合法 + 最大斜率阈值法	P - K	多项式函数拟合法	最大斜率阈值法
8	多项式函数拟合法 + 动态阈值法	P - T	多项式函数拟合法	动态阈值法

6.3 NDVI 时序数据的曲线拟合

三种函数拟合法对含不同程度噪声的青藏高原小嵩草高寒草甸原始 NDVI 时序数据的拟合效果如图 6.2 所示，可以看出，双高斯函数拟合法的效果最好，它更接近原始数据，且在一定程度上可以消除部分噪声的影响，尤其是当原始数据质量较差时仍能拟合出较好的 NDVI 曲线，如图 6.2（d）所示；同时还能够消除青藏高原 2 月、3 月积雪的影响。

多项式函数拟合法的效果较双高斯函数拟合法略差，主要是由于其拟合的 NDVI 曲线在 1—3 月出现明显波动，如图 6.2（a）、图 6.2（b）和图 6.2（c）所示，NDVI 曲线的曲率变化很大。但从整体上看，多项式函数拟合法拟合效果优于双逻辑斯蒂函数拟合法。基于双逻辑斯蒂函数拟合法对噪声较为敏感，即使在原始数据含有较少噪声时，其拟合结果在接近原始数据程度、曲线幅宽、峰值等方面也与前两种方法存在较大差异，如图6.2（b）所示；尤其是生长季内峰值两侧的NDVI曲线斜率绝对值偏高，可能不利于返青期的求取。

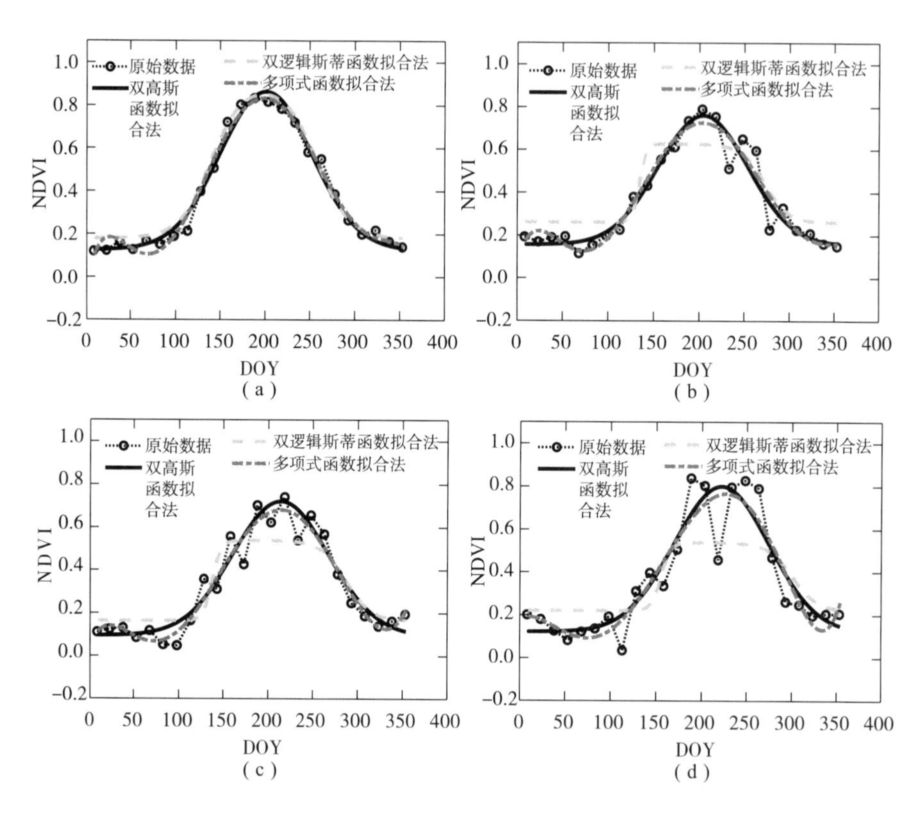

图6.2　三种拟合方法对含有不同程度噪声的NDVI数据拟合效果

（a）噪声极少；（b）噪声较少；（c）噪声中等；（d）噪声较多

从三种拟合曲线的RMSE对比图（见图6.3）上可以看出，双高斯函数拟合法与多项式函数拟合法曲线的RMSE相当，多项式函数拟合法曲线的RMSE值略大于双高斯函数拟合法的RMSE值；双逻辑斯蒂函数拟合法曲线的RMSE值偏大。

可见，双高斯函数拟合法与多项式函数拟合法效果较好，尤其是双高斯函数拟合法具有更强的去噪能力，能够更好地表达小嵩草高寒草甸在一年内的生长状况。

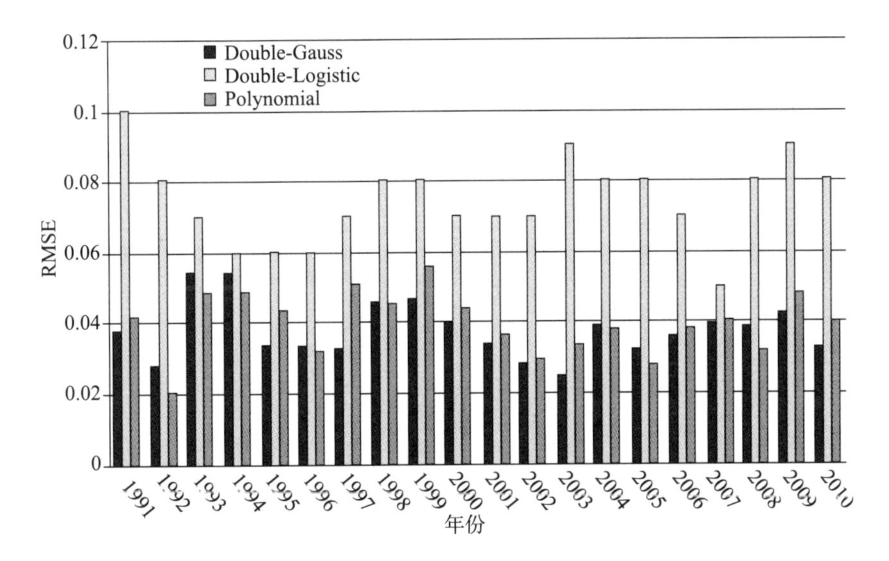

图 6.3　1991—2010 年三种 NDVI 曲线拟合方法的 RMSE 对比

6.4　小嵩草高寒草甸返青期识别

本实验分别采用 8 种方法识别了小嵩草高寒草甸的返青期，各种方法的曲线拟合方法和返青期求取方法组合如表 6.1 所示。

各种方法典型的返青期识别结果如图 6.4 至图 6.6 所示。其中，DG－C 法、DG－K 法和 DG－T 法是采用双高斯函数法对原始 NDVI 时序数据进行拟合后，再分别采用曲率法、最大斜率阈值法和动态阈值法求取植被的返青期，如图 6.4 所示。

曲率法取曲率首次达到最大时对应的日期作为植被的返青期，最大斜率阈值法取多年平均 NDVI 曲线的 $NDVI_{ratio}$ 最大时对应的 NDVI 值作为阈值，动态阈值法取当地 NDVI 归一化值 $NDVI_{thd}$ 达到特定值时对应的日期作为返青期。

DL－K 法、DL－C 法和 DL－T 法与 DG－K 法、DG－C 法和 DG－T 法类似，只是对原始 NDVI 时序数据采用双逻辑斯蒂函数法进行拟合，如图 6.5 所示。P－T 法和 P－K 法是首先对原始 NDVI 时序数据采用多项式函数拟合法进行拟合，然后分别采用动态阈值法和最大斜率阈值法求取植被的返青期，实验的动态阈值取值为 0.2，如图 6.6 所示。

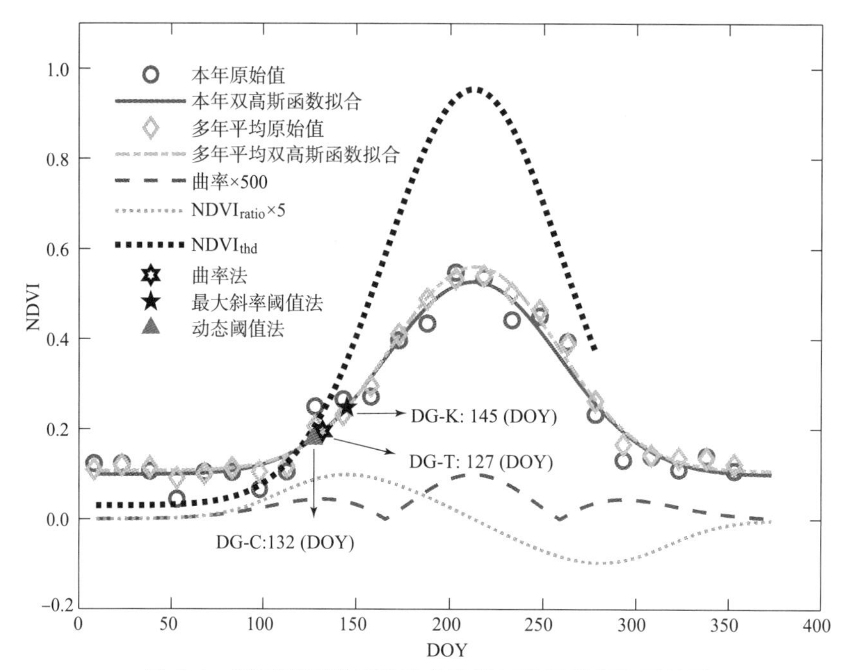

图 6.4　基于双高斯函数拟合法的三种返青期识别结果

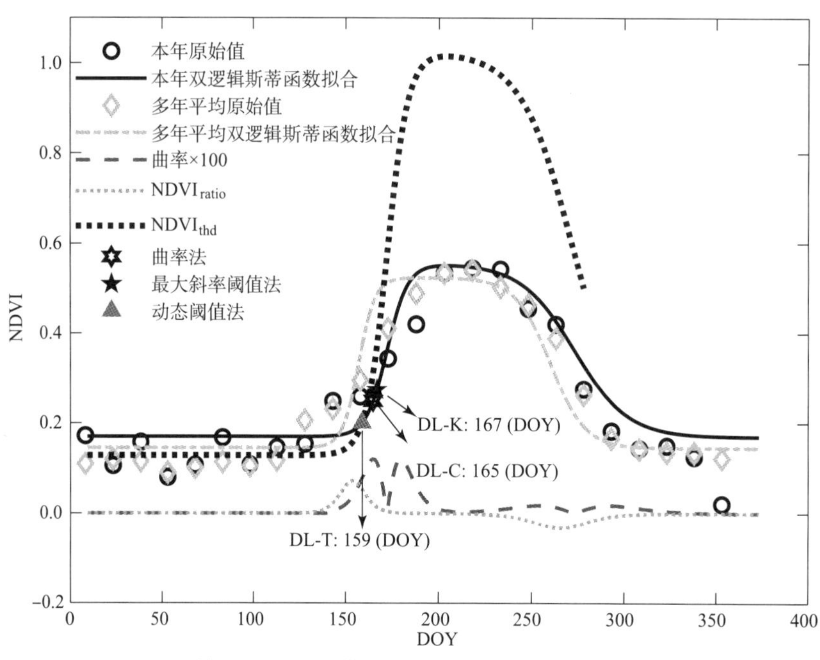

图 6.5　基于双逻辑斯蒂函数拟合法的三种返青期识别结果

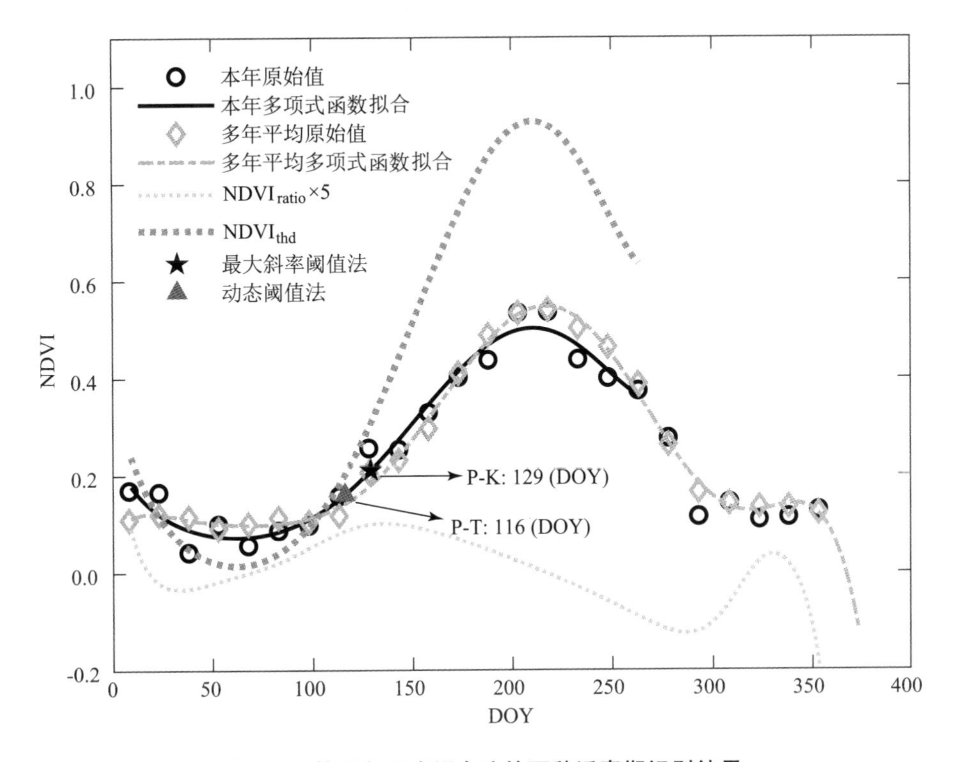

图 6.6　基于多项式拟合法的两种返青期识别结果

图 6.7 和图 6.8 为海晏县、甘德县 1990—2010 年遥感识别的返青期与地面观测返青期散点图。基于双逻辑斯蒂函数拟合法的三种方法（DL－K 法、DL－T 法和 DL－C 法）识别的返青期离散度较大，如图 6.7（d）、图 6.7（e）、图 6.7（f）和图 6.8（d）、图 6.8（e）、图 6.8（f）所示。其返青期最大跨度可达 80 天（100～180 DOY），说明这三种识别方法的稳定性较差，这可能与双逻辑斯蒂函数拟合法的曲线在生长季内峰值两侧斜率绝对值偏高有关；同时，这三种方法识别的返青期与地面观测值的相关系数均较低（最大的为 DL－T 法，系数为 0.345），如图 6.7（e）所示；甚至出现了负相关（DL－C 法，系数为－0.164），如图 6.7（f）所示，且均未达到显著性水平，表明这三种方法识别的返青期与地面观测值的相关性较低。

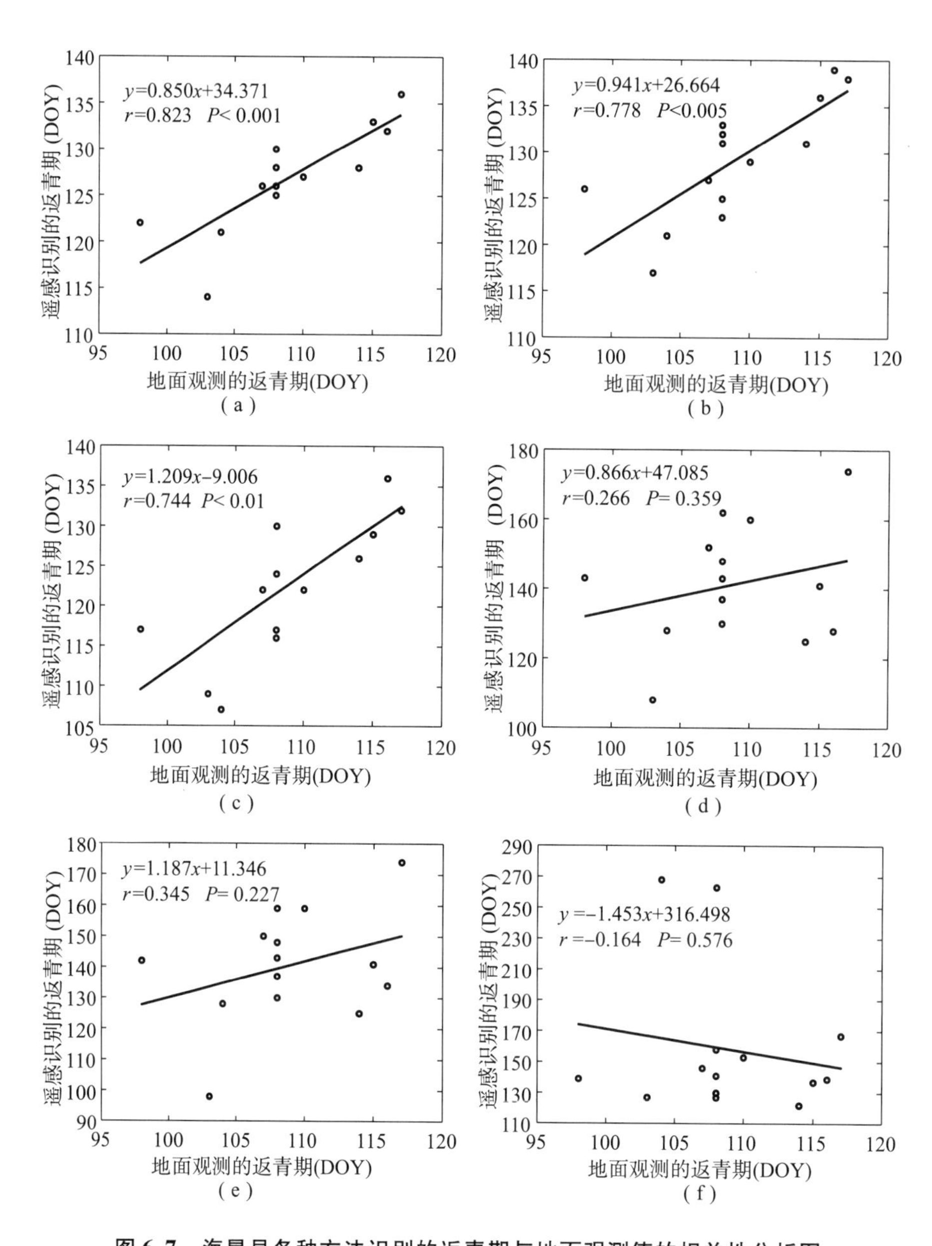

图 6.7 海晏县各种方法识别的返青期与地面观测值的相关性分析图

(a) DG－K 法；(b) DG－T 法；(c) DG－C 法；(d) DL－K 法；
(e) DL－T 法；(f) DL－C 法

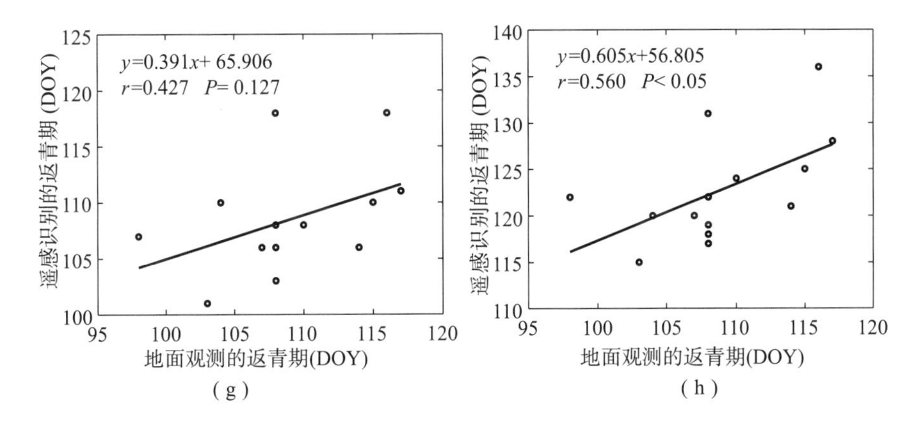

图 6.7　海晏县各种方法识别的返青期与地面观测值的相关性分析图（续）

（g）P－K 法；（h）P－T 法

基于多项式函数拟合法的两种方法（P－K 法和 P－T 法）识别的返青期尽管离散度相对较低，如图 6.7（g）、图 6.7（h）和图 6.8（g）、图 6.8（h）所示，但其结果与地面观测值仅为中度相关或弱相关（r 为 0.1～0.6，显著性水平 P 为 0.03～0.5）。

基于双高斯函数拟合法的三种方法（DG－K 法、DG－T 法和 DG－C 法）返青期识别的效果相对较好，返青期离散度较低，与地面观测值的相关性较好，如图 6.7（a）、图 6.7（b）、图 6.7（c）和图 6.8（a）、图 6.8（b）、图 6.8（c）所示。这三种方法识别的返青期与地面观测值之间显著相关（相关系数为 0.4～0.83，显著性水平为 0.000 3～0.07）；尤其是 DG－K 法识别的返青期与地面观测值相关性更大，表明 DG－K 法识别的返青期与地面观测值最为接近，且其返青期变化趋势与现有地面观测结果更为一致。

综合考虑各种返青期识别方法的稳定性、识别结果与地面观测值的相关性、返青期趋势合理性等因素，DG－K 法用于识别青藏高原小嵩草高寒草甸返青期更为有效。

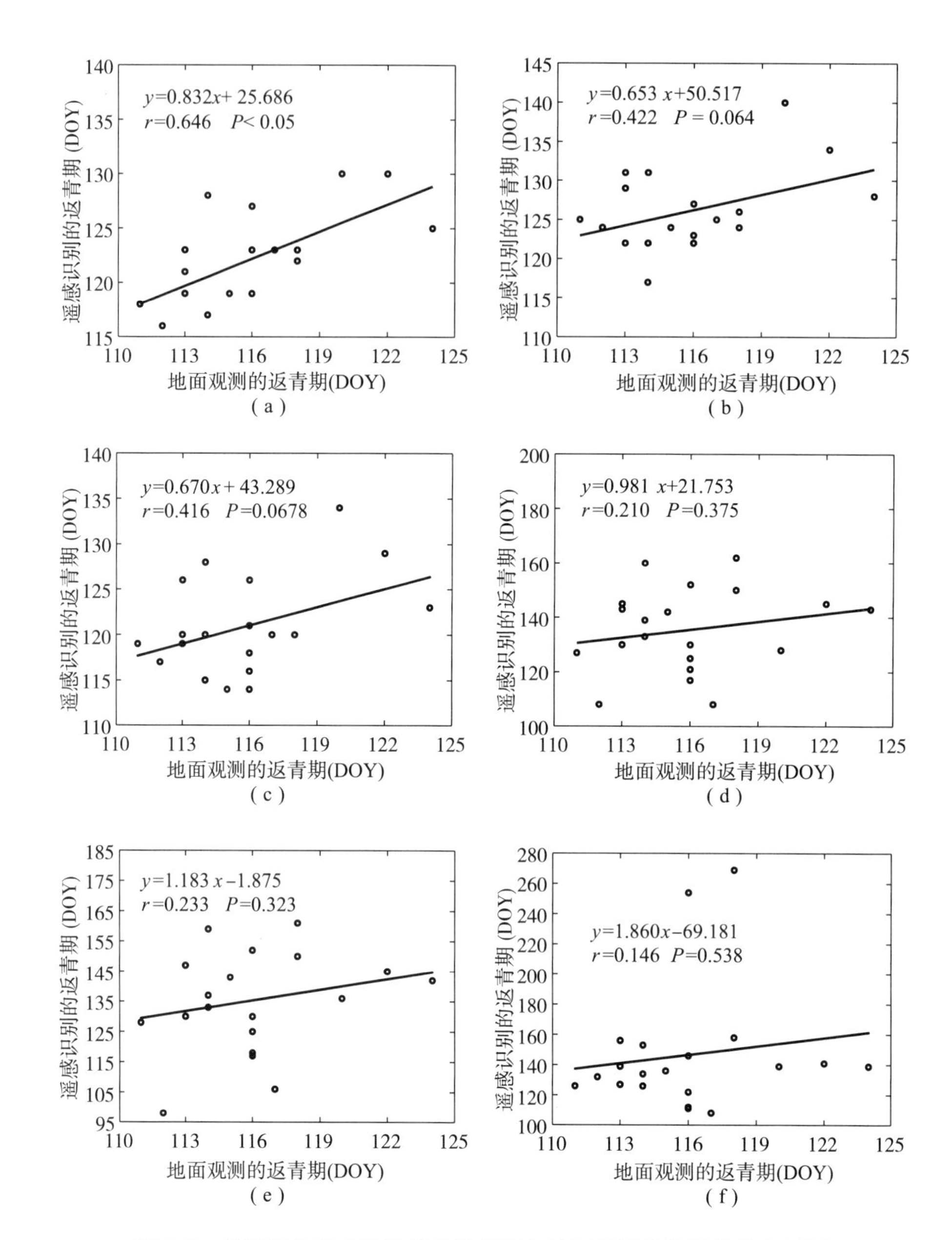

图 6.8 甘德县各种方法识别的返青期与地面观测值的相关性分析图

(a) DG－K 法；(b) DG－T 法；(c) DG－C 法；(d) DL－K 法；

(e) DL－T 法；(f) DL－C 法

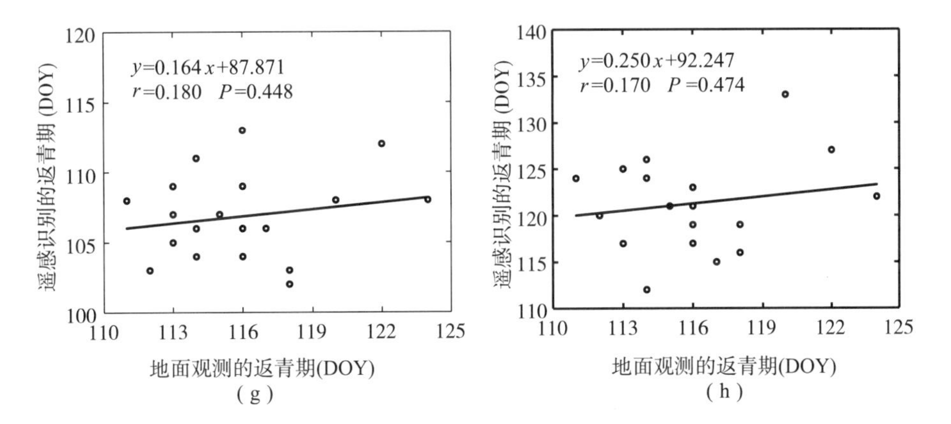

图 6.8 甘德县各种方法识别的返青期与地面观测值的相关性分析图（续）

（g）P－K 法；（h）P－T 法

遥感识别返青期的首要基础是重建一套能够合理、准确地描述植被生长周期变化的植被指数时序数据。青藏高原小嵩草高寒草甸位于青藏高原东南部地区，每年完成一个生长周期，其植被指数时序数据表现为单峰曲线，较适合采用双高斯函数拟合法对其进行曲线拟合。由于青藏高原多云天气的影响较大，植被指数时序数据常受云噪声污染。尽管在时序数据拟合前已进行了预处理，并通过对同期、不同年份数据的统计检验，去除了显著噪声点，但考虑到同年、不同期的 NDVI 时序数据（即一年内的 NDVI 时序数据）仍可能存在噪声，因此应选取一种较好的拟合方法，使之既能去除大部分噪声的干扰又可使拟合曲线客观地反映植被生长趋势。本实验研究结果表明，双高斯函数拟合法能够满足上述要求，能够在一定程度上消除噪声的影响，相较其他方法，其拟合后的 NDVI 值更接近 NDVI 原始数据值，比较适合于青藏高原小嵩草的植被指数时序数据重建。

有了高质量的植被指数时序数据，还需要寻找合适的返青期遥感识别方法才能较为客观地监测研究区的植被返青期变化趋势。本实验测试了最大斜率阈值法、动态阈值法和曲率法三种常见的返青期求取方法。最大斜率阈值法和曲率法可以根据一定的数学表达式来直接求取返青期；而动态阈值法则需根据经验人为设定阈值，实验尝试设置了 $NDVI_{thd}$ 为

0.2～0.6、间隔为0.1的5个阈值，结果发现阈值设置为0.2时求取的返青期最为稳定。曲率法和动态阈值法（阈值为0.2）求取的返青期较地面观测值延迟了10～30天；而最大斜率阈值法识别的返青期离散程度相对较低，且与地面观测值的相关性较大，其返青期变化趋势也与地面观测结果较为一致，说明最大斜率阈值法更适合识别小嵩草高寒草甸的返青期，这为青藏高原高寒草甸的物候研究提供了参考。

第七章　青藏高原小嵩草高寒草甸返青期模型模拟

高寒草甸是青藏高原的主要植被类型之一，是青藏高原隆起后在长期低温、高寒、高湿、强辐射等严酷环境下，经过漫长的适应和演化所形成的特殊产物和极其脆弱的生态系统，导致高寒草甸对气候变化特别是全球变暖十分敏感，并具有超前性。高寒草甸不仅是青藏高原气候变化的敏感信号，还是全球气候变化的先导信号（丁明军等，2011）。因此，从植物物候机理角度，综合当前可利用的各种植物物候监测手段，开展高寒草甸返青期时空变化综合评估，深化对其机理的认识，建立合理的预测模型，对于探索植被对全球气候变化的响应规律，具有重要的理论和实践意义。

7.1　青藏高原植被返青期对气候变化的响应研究进展

气候变化对陆地生态系统的季节性活动（Cesaraccio 等，2004；Chuine 等，2004；Richardson 等，2006），尤其是对中纬度、高纬度地区的陆地生态系统季节性活动影响显著（Chmielewski 和 Rötzer，2001；Zhou 等，2001；Shabanov 等，2002；Parmesan，2007）。温度是植物生长发育的主要驱动因子，这在植物生长季开始阶段（返青、开花等）尤为明显（Ahas 等，2000；Chmielewski 和 Rötzer，2001；Snyder 等，2001）。青藏高原地处中纬度，其植被的返青期已对近几十年的气候变化产生了响应。目前，关于青藏高原植被返青期对气候变化响应的研究主要有地面观测结果和遥感监测结果两大类，下面分别予以介绍。

7.1.1 地面观测返青期对气候变化的响应

在地面观测方面，各研究主要是根据青藏高原各地区的农气观测站的资料，研究青藏高原植物返青期及其对气候变化的响应。

祁如英等（2006）根据青海地区4个气象站1987—2003年的物候观测资料，研究了代表性植物小叶杨的物候期对气候变化的响应。结果表明：植物返青期提前了2.8天/10年；植物返青期与秋季至春季气候变暖呈显著负相关，而与降水和日照的相关性不大。

李红梅等（2010）根据青海高原各地区1983—2007年观测的气象资料，分析了植物物候对气候变化的响应，结果表明：东部农业区、环青海湖区和三江源区植物（以车前为代表性植物）的返青期分别提前了8.6天/10年、10.5天/10年、9.8天/10年，冬季与春季气温的升高和上一年度土壤封冻前秋季降水量的增加有利于下一年植物的返青。

雷占兰等（2012）运用1994—2006年的物候观测资料，研究了青海省甘德县高寒草甸垂穗披碱草的返青期变化，发现随着气候变暖，垂穗披碱草的返青期平均延迟了0.71天/10年。返青期与前一年9月的平均气温呈显著正相关，相关系数为0.656（$P<0.05$）；与当年3月的平均气温呈显著负相关，相关系数为-0.577（$P<0.05$），与其他气象因子的相关性均不显著。

王力和张强（2018）运用1997—2016年物候观测数据，研究了青藏高原东北部海北牧业气象观测站典型的高寒草甸和草原9种优势植物的物候期变化，发现大部分植物在第100~115天之间返青，在第265~285天之间黄枯；开花期出现的时间差异较大，从第120天到第230天不等。这些植物的返青、黄枯和开花等物候期对气候变化的响应存在明显的种间差异。

7.1.2 遥感监测返青期对气候变化的响应

在遥感监测方面，各研究主要是利用遥感卫星植被指数（如 NDVI，EVI）数据提取植被的返青期，再结合气候数据进行相关性分析来探讨青藏高原植被返青期对气候变化的响应。

Piao 等（2006）运用 NOAA/AVHRR 的 NDVI 数据，分析了 1982—1999 年中国温带 9 种植被（包括青藏高原地区）的生长季对气候变化的响应，结果发现：随着每年返青前几个月（尤其是返青前 2 ~ 3 个月）气温的升高，温带植被的返青期平均提前了 7.9 天/10 年，且早春温度每上升 1.1℃能够使返青期提前 7.5 天。但 Piao 等是针对中国温带植被的均值进行的研究，而非以高寒植被和青藏高原独特的气候为主，因而其结果是否适用于青藏高原地区还需进一步探讨（曾彪，2008）。

曾彪（2008）采用 NOAA/AVHRR 的 NDVI 数据，分析了 1982—2003 年青藏高原主要植被的物候与气候变化的关系，结果发现：高原植被生长季开始时间在 1982—2003 年间不存在显著的线性变化趋势，表现出 1995 年以前提前 6.5 天/10 年、其后延迟 4.6 天/10 年的趋势；高原生长季开始时间在 1982—2003 年，总体提前了 4.6 天；高原植被生长季起始时间主要与前一年 10 月至当年 5 月的温度和降水呈显著的负相关关系，相关系数分别为 -0.63 和 -0.84（$P<0.05$）。

Yu 等（2010）利用 1982—2006 年青藏高原 22 个气象站点的高寒草甸/草原的地面观测数据与 NOAA/AVHRR 的 NDVI 数据，采用动态阈值法对其返青期进行了提取，结果发现：青藏高原高寒草甸/草原的返青期变化分为两个阶段——20 世纪 90 年代中期之前，返青期呈缓慢提前趋势；之后呈停滞甚至推迟趋势。进一步采用偏最小二乘法分析冬、春两季的温度变化对植被返青期变化的影响，结果表明春季（5 月、6 月）气温升高使返青期提前，而冬季（10 月至次年 3 月）气温升高则使返青期延迟，由此推测冬季升温可能使青藏高原高寒草甸/草原对低温的需求（即对抗寒锻炼的低温需求）在既定时间内无法得到满足，从而延长低温需求的时间，故导致返青期推迟。

但也有学者对 Yu 等人的观点持不同意见：如 Chen 等（2011）认为青

藏高原植被的返青期延迟不仅与冬春气候变暖有关，还与草场退化、土壤解冻—冷冻过程有关，也可能是多种因素共同作用的结果。

Yi 和 Zhou（2011）认为青藏高原春季污染的增加导致大气中气溶胶指数升高，从而使遥感监测的 NDVI 值偏低，以此 NDVI 值提取出的植被返青期有所延迟，并非实际返青期延迟，但学界对此说法还存在争议。

近期，丁明军等（2011）基于 1982—2003 年 NOAA/AVHRR 的数据和 2003—2009 年 SPOT VGT 的 NDVI 数据，研究发现 1982—2009 年青藏高原 12 个气象台站邻近区域植物的返青期随着冬季、春季气温的升高提前了 6.5 ~ 12.5 天/10 年，且冬季气温比春季气温对植被返青期的影响更大。

Zhang 等（2013）利用 GIMMS（1982—2006 年）、SPOT - VGT（1998—2011 年）、MODIS（2000—2011 年）的 NDVI 数据，研究了 1982—2011 年青藏高原高寒植被返青期的变化，发现返青期提前了 10.4 天/10 年，这与近年来气候的冬春变暖变化相一致。

马晓芳等（2016）利用 1982—2010 年 GIMMS 的 NDVI 数据，研究了青藏高原高寒草原的植被返青期、黄枯期及生长季长度，结果发现：植被返青期和黄枯期的年际变化整体上呈提前的趋势，生长季长度呈延长趋势；物候随海拔变化的波动较大，与降水相比，植被物候期与温度相关程度更高。

上述基于地面和遥感的监测结果均表明，青藏高原的植被返青期在 1982—2011 年来对气候变化产生了响应，但响应的方向（提前或延迟）和幅度则因不同的植被类型、不同的地理区域、不同的监测手段（地面观测或遥感监测）以及不同的研究时段而存在差异，目前还缺乏基于地面、遥感和模型模拟三种监测手段综合起来的评估结果。此外，有关青藏高原植被返青期与气候变化的关系，大部分研究认为青藏高原植被返青期主要与温度密切相关，而与日照或降水的相关性较低，并且冬、春两个季节不同时段的温度变化对青藏高原植被返青期可能存在不同方向上的影响，但仍未从机理上解释这两个季节不同时段的温度变化如何对植被返青期进行调控。

综上所述，目前虽已采用地面观测和遥感监测方法对青藏高原植物的返青期开展了一些研究，但有关青藏高原植物返青期的时空变化及其机理研究还有待深入，主要表现在以下两个方面：

（1）现有研究成果多是基于地面或遥感的独立监测，缺乏基于多种监测手段的综合评估结果。由于地面物候观测和遥感物候监测所反映的植物物候在本质上存在差异，而模型模拟也是一种重要的植物返青期监测手段，因此，应将地面、遥感和模型模拟三种监测手段综合起来进行评估，以减小对青藏高原小嵩草高寒草甸返青期变化评估的不确定性。

（2）已有研究结果在青藏高原植被返青期变化趋势和幅度上均存在较大差异，缺乏机理方面的解释，未深入分析返青期变化机理。虽然已有研究大多认为青藏高原植被返青期主要与温度密切相关，而与日照或降水的相关性较低，而且冬、春两季不同时段的温度变化对青藏高原植被返青期可能存在不同方向上的影响，但仍未从机理上深入解释这两个季节不同时段的温度如何调控植被返青期。

7.2　实验数据和技术路线

本实验地面观测的物候数据来自国家气象中心提供的青藏高原各气象站点的物候观测数据，共涉及海晏县气象站（1997—2010 年）、甘德县气象站（1991—2010 年）、河南蒙古族自治县气象站（1991—2010 年）、曲麻莱县气象站（1992—2010 年）、同德县气象站（1988—1998 年）5 个站点共 87 个样本的返青期观测数据。

遥感数据为 NOAA/GIMMS 的 NDVI 3g 数据，其分辨率为 8 km，时间段为 1982—2011 年。该数据为 15 天合成，因此每年包含 24 期数据，1982—2011 年共包含 720 期数据。本实验测试点是基于 1∶100 万中国植被类型图（中国科学院中国植被图编辑委员会，2007），选取覆盖青藏高原小嵩草高寒草甸且与气象站点邻近的像元。

气象数据来源于中国气象科学数据共享服务网（http://cdc.cma.gov.cn/），选用覆盖青藏高原 32 个气象站点的日均温度数据，数据时间段为 1981—2011 年。

实验技术路线如图 7.1 所示，首先根据第六章的青藏高原小嵩草高寒草甸遥感返青期识别方法研究结果，采用双高斯函数拟合法对 NDVI 数据进行拟合，利用最大斜率阈值法识别小嵩草高寒草甸的返青期；然后分别基于地面和遥感数据建立两套通用物候模型，并对模型进行验证，从而得到基于地面和遥感的小嵩草高寒草甸返青期物候模型。

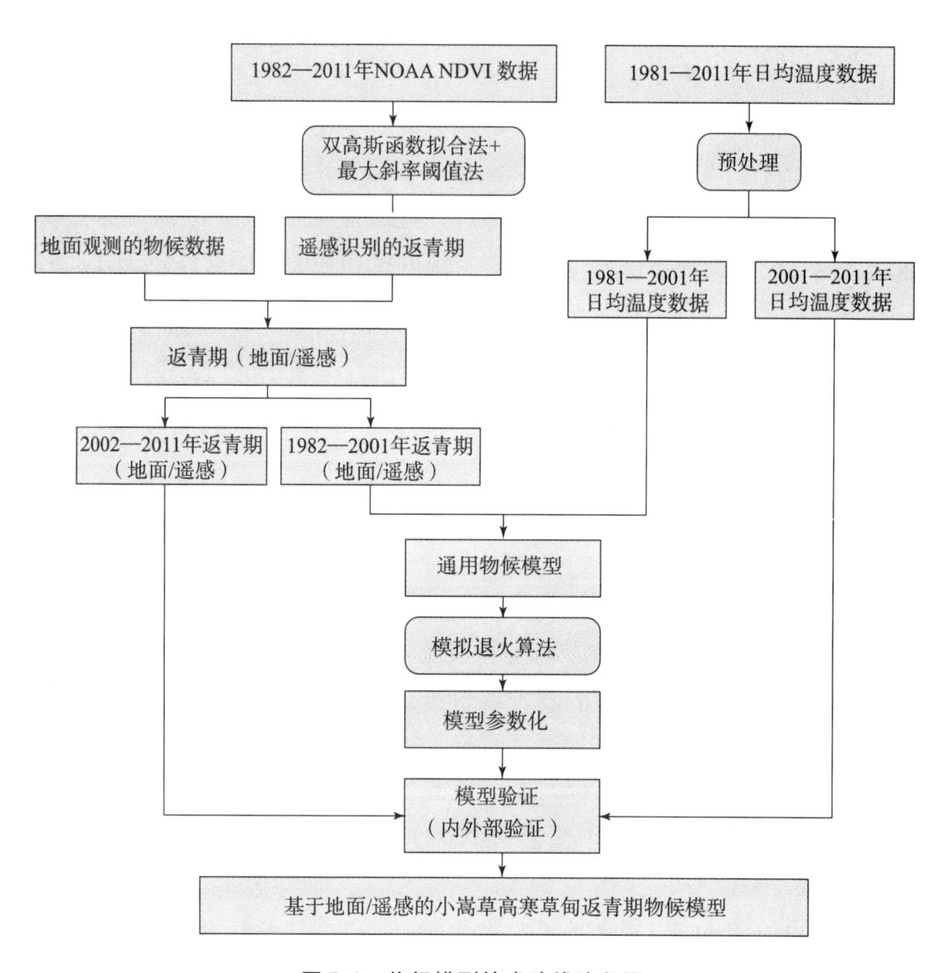

图 7.1　物候模型技术路线流程图

7.3　通用物候模型参数化和模型验证

通用物候模型是在现有各种模型基础上，在保证冷激温度和驱动温度作用机理不变的前提下，从模型的数学表达式出发，通过对模型待定系数的调整，实现对部分现有模型的逼近模拟和统一描述。通用模型及其简化模型（Chuine，2000；Morin 等，2009；王焕炯等，2012）对植物生长发育的模拟与其他物候模型一致，且很适合模拟对冷激温度敏感的植被生长发育。

本实验采用 Chuine 等（2000）的通用物候模型来模拟青藏高原小嵩草的返青期。通用物候模型的驱动积温和冷激积温作用及其单元函数表达式见第四章式（4－13）~式（4－16），驱动积温和冷激积温的负相关关系的数学表达式见第四章式（4－17）。

7.3.1 模型的参数化

通用物候模型共有 9 个未知参数，需要采用优化算法求解各个参数。本实验基于最小二乘原理，采用模拟退火算法寻求模型系数的全局最优解，以实现物候模型参数化。

模拟退火算法参照优化问题与固体退火过程的相似性，令 $T = T(t)$ 为一个随时间 t 增加而下降的变量，相当于退火过程中的温度。在每个温度下，判断两次临近搜索的目标函数差值，若 $\Delta f = f(x(t + \Delta t)) - f(x) \leqslant 0(\Delta t \geqslant 0)$ 则接受新状态，否则根据 Metropolis 准则（Kirkpatrick 等，1983；Steinbrunn 等，1997），按概率 $P(\Delta f) = e^{-\Delta f/T}$ 接受新状态，接受概率随着温度的下降逐渐减少。适当控制温度下降过程，新解接受的次数越来越少，解趋于恒定，从而达到全局优化问题的最优解。这种策略有效避免了搜索过程陷入局部最优解，有利于提高求得全局最优解的可能性。

模拟退火算法的主要步骤如下：

（1）初始化：设置初始温度 T_0、初始解 x、迭代次数 L。

（2）对 $k=1, 2, \cdots, L$ 执行第（3）步至第（6）步。

（3）依据一定规则产生新解 x'。

（4）计算增量 $\Delta f = f(x') - f(x)$，其中 $f(x)$ 为目标函数。

（5）若 $\Delta f \leqslant 0$，则接受 x' 作为新的当前解，并用作下一次模拟退火法的初始点；否则计算新点的接受概率 $P(\Delta f) = e^{-\Delta f/T}$，产生［0，1］区间上的均匀分布的伪随机数 r。如果 $P(\Delta f) > r$ 则接受 x' 作为新的当前解，并将其作为下一次模拟退火法的初始点；否则放弃新点，仍取原来的点作为下一次模拟的初始点。

（6）如果满足终止条件则输出当前解作为最优解，结束程序。通常取连续若干个新解都没有被接受作为终止条件。

（7）T 逐渐减小，且 $T \to 0$，然后转第（2）步。

模拟退火算法对应的流程如图 7.2 所示。

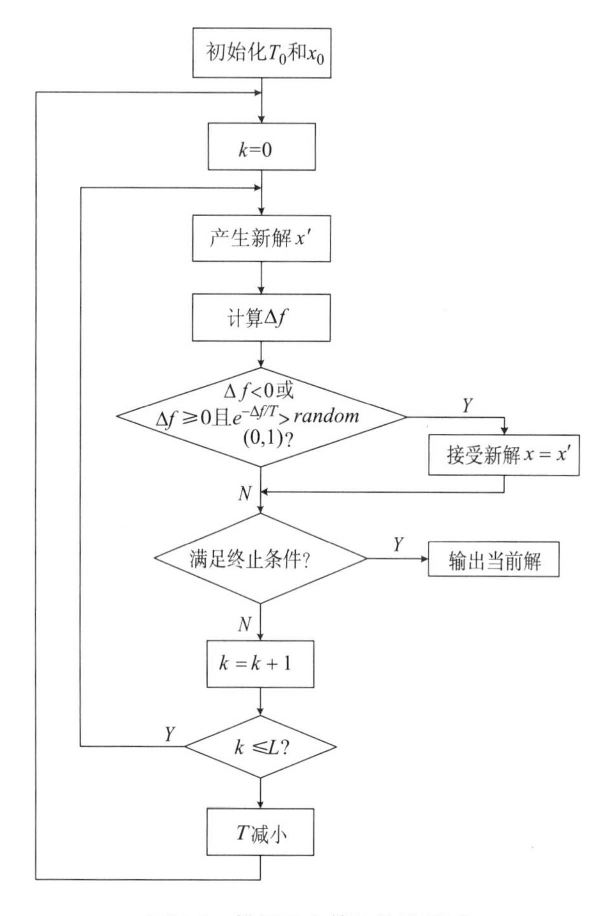

图 7.2　模拟退火算法的流程图

模拟退火算法的目标函数如式（7－1）所示：

$$f(x) = \sum_{i=1}^{n} [r_i(x)]^2 \tag{7-1}$$

式中，x 代表参数空间，即 $x = [a_c \quad b_c \quad c_c \quad a_f \quad c_f \quad w \quad k \quad c^* \quad t_c]$；$r_i(x) = d_i(x) - d_{iobs}$，$d_i(x)$ 和 d_{iobs}分别代表第 i 个样本的模型预测日期和实际观测日期，使 $f(x)$ 最小的模型参数值即为最优参数。

7.3.2 模型验证方法

本实验将1982—2001年地面/遥感返青期数据分为两部分使用：前20年（1982—2001年）地面数据共47个样本点，遥感数据共534个样本点，数据用于物候模型参数化及模型内部验证；后10年（2002—2011年）地面数据共40个样本点，遥感数据共255个样本点，数据用于模型外部验证。模型验证时，对地面/遥感返青期观测值与模型预测值作回归分析，计算相关性系数（r）和显著度（P），同时计算均方根误差（RMSE），如式（7-2）所示，以统计检验结果评估模型的可靠性。

$$\mathrm{RMSE} = \sqrt{\frac{\sum_{i=1}^{n}[d_i(x) - d_{iobs}]^2}{n}} \tag{7-2}$$

7.4 基于地面观测的小嵩草高寒草甸返青期模拟

7.4.1 地面观测的青藏高原小嵩草高寒草甸返青期变化

图7.3和图7.4分别表示青藏高原5个地面物候观测站1988—2010年返青期及其变化趋势的统计结果。从时间变化趋势上看，其中4个站点的返青期呈提前趋势，平均提前了6.8天/10年；1个站点的返青期呈延后趋势，延后了15.6天/10年。

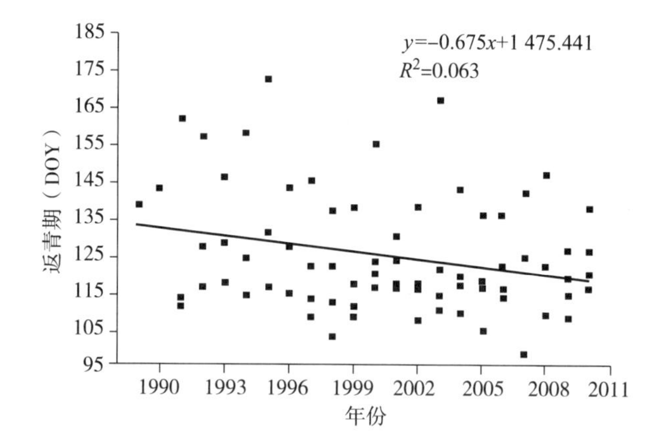

图 7.3　地面观测站点中 4 个站点返青期提前情况

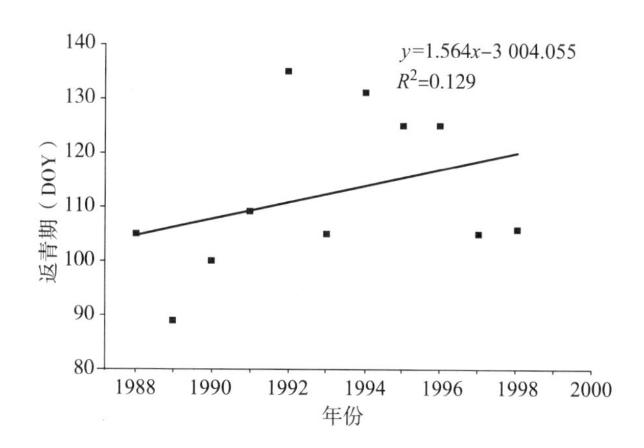

图 7.4　地面观测站点中 1 个站点返青期延后情况

7.4.2　小嵩草高寒草甸物候模型的参数化及验证

7.4.2.1　小嵩草高寒草甸物候模型的参数化

实验中采用 5 个地面物候观测站的 2000 年前的返青期数据及其邻近气象站点的日均温度数据，通过模拟退火算法优化出通用物候模型的 9 个参数，如表 7.1 所示。

表 7.1 基于地面观测的青藏高原小嵩草高寒草甸物候模型参数

参数	a_c	b_c	c_c	b_f	c_f	w	k	C^*	t_c
地面模型模拟结果	0.043 8	1.700	0.282	-0.152	6.446	30.577	-0.000 27	6.756	207.8

基于地面观测数据的通用物候模型模拟结果表明，小嵩草高寒草甸在日均温度 -39℃ ~1℃区间内的冷激单元为 1（见图 7.5），说明在此温度区间内冷激速度最快，温度过高（1℃以上）或过低（-40℃以下），都会抑制休眠期内的冷激作用。小嵩草高寒草甸在日均温度 -20℃ ~30℃区间内发育速度逐渐增加到最大（见图 7.6），尤其是，在 -16℃ ~20℃内，驱动单元增加最快，说明在此温度区间内，随着温度的升高，植被迅速发育。

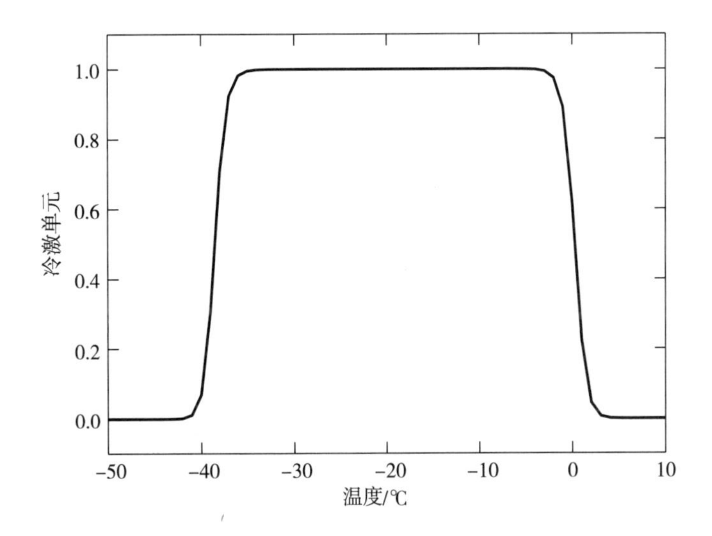

图 7.5 基于地面观测数据的小嵩草高寒草甸冷激单元对气温的响应

以青海省曲麻莱气象站（34°08′N，95°47′E）为例，其 1992—2001 年冷激单元作用和驱动单元作用的起止时间如图 7.7 所示。结果表明：冷激起始日期为前一年的 9 月 1 日，冷激作用的结束日期为每年的第 87 天（为 3 月 28 日前后），冷激作用的长度为 208 天；驱动作用的起始日期为前一年的 -67 ±11 天（DOY）（为 10 月 23 日 ±11 天），驱动作用的结束日期为当年的 123 ±13 天（DOY）（约为 5 月 3 日 ±13 天），驱动作用的长度为 190 ±21 天；

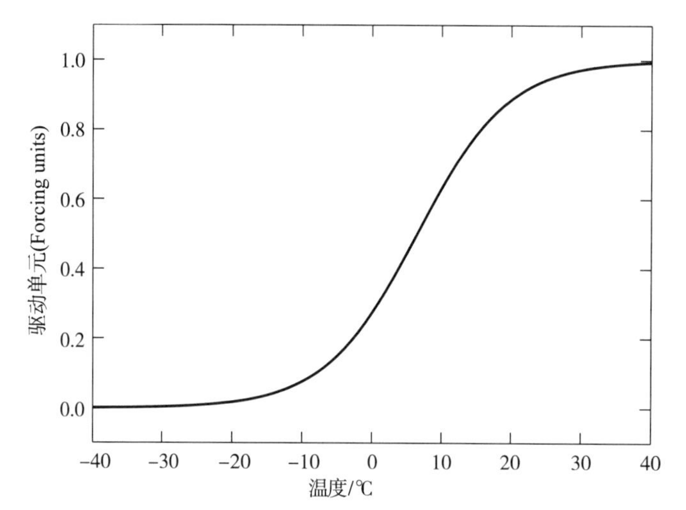

图 7.6　基于地面观测数据的小嵩草高寒草甸驱动单元对气温的响应

冷激与驱动存在 154 ± 11 天的共同作用期。这说明：对于小嵩草高寒草甸，其休眠期和静止期并不存在清晰的界限。这是由于青藏高原地区低温时段较长，一年内的高温时段相对较短，其返青既需要充分的抗寒锻炼，又需要一定的驱动发育。为同时满足这两项需求，冷激与驱动只能同时发生作用，以保证及时返青，进而在秋季降温前顺利完成整个生长周期。

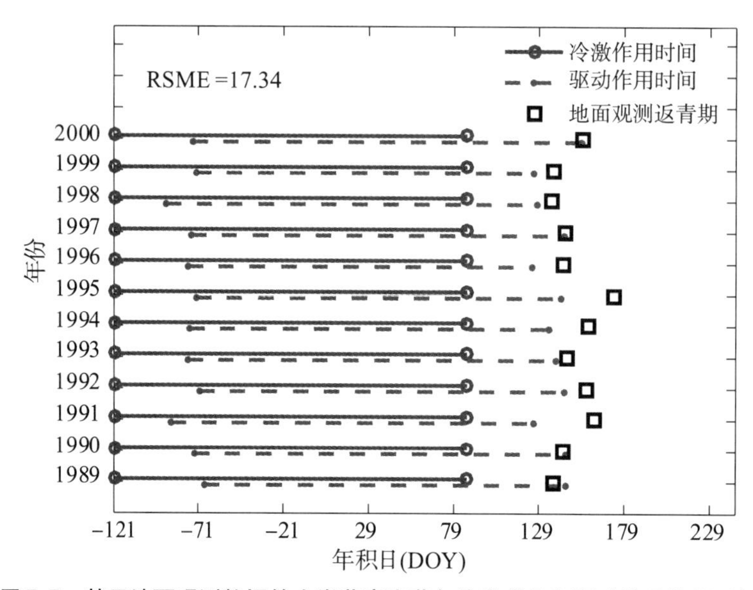

图 7.7　基于地面观测数据的小嵩草高寒草甸冷激单元和驱动单元作用时间

7.4.2.2　小嵩草高寒草甸返青期通用物候模型的验证

为验证通用物候模型的求解精度，分别通过内部检验和外部检验两种方式分析模型预测返青期和地面观测返青期的相关性。地面模型内部验证结果如图 7.8 所示。所用返青期数据为建模时采用的 5 个地面物候观测站 2000 年前的返青期观测值与模型预测值，二者的相关系数为 0.65，显著性水平小于 0.000 1，曲线拟合的 RMSE 为 8.58 天。内部验证结果表明，通用物候模型较好地表达了建模所用的样本数据。

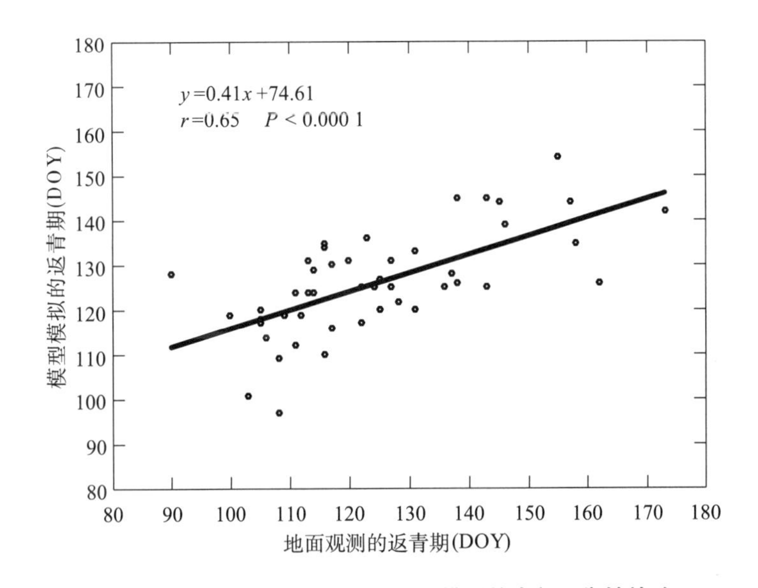

图 7.8　基于地面观测的通用物候模型的内部可靠性检验

地面模型外部验证结果如图 7.9 所示。所用返青期数据为与建模无关的 5 个站点 2000 年后的物候观测值与模型预测值，二者的相关系数为 0.731，显著性水平小于 0.000 1，曲线拟合的 RMSE 为 8.65 天。由于外部检验所用的日均温度数据与返青期数据均与模型建立所用数据无关，这表明通用物候模型对与建模无关的后 10 年（2001—2010 年）的返青期变化情况同样具有很好的表达能力。

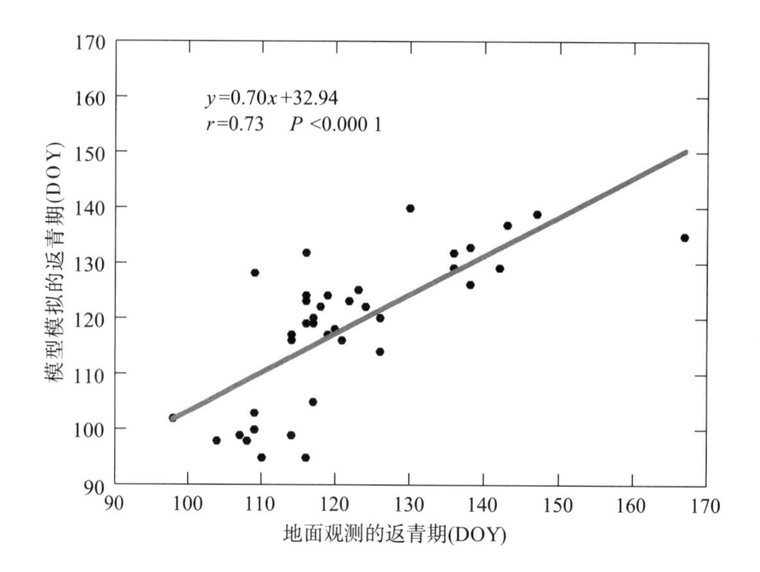

图 7.9 基于地面观测的通用物候模型的外部可靠性检验

7.5 基于遥感监测的小嵩草高寒草甸返青期模拟

7.5.1 遥感监测的青藏高原小嵩草高寒草甸返青期变化

由于地面站点数量较少，为研究整个青藏高原小嵩草高寒草甸的返青期，本实验利用遥感监测的 NDVI 数据，对覆盖青藏高原 32 个气象站点附近 1982—2011 年的小嵩草高寒草甸像元的返青期进行了识别。结果表明，1982—2011 年小嵩草高寒草甸返青期主要集中在每年的 120 ~ 140 天（87.88%），其中有 25 个站点返青期呈提前趋势（78.13%），平均提前了 4.75 天。

7.5.2 小嵩草高寒草甸物候模型的参数化及验证

7.5.2.1 小嵩草高寒草甸物候模型的参数化

为进行大尺度的物候模型研究，即研究整个青藏高原小嵩草高寒草甸的返青期与近30年气候变化尤其是温度变化的关系，弥补地面观测站点物候数据不足的缺陷；同时考虑遥感监测与地面观测的尺度差异，实验又采用覆盖青藏高原小嵩草高寒草甸的32个气象站点前20年（1982—2001年）遥感监测的返青期数据及日均温度数据，对通用物候模型的9个参数进行了重新模拟（见表7.2）。

表7.2　基于遥感的青藏高原小嵩草高寒草甸物候模型参数

参数	a_c	b_c	c_c	b_f	c_f	w	k	C^*	t_c
遥感模型模拟结果	0.933	-28.713	-30.744	-0.141	8.499	77.854	-0.0062	2.294	208.93

基于遥感监测物候模型，小嵩草高寒草甸的冷激单元和驱动单元对温度的响应如图7.10和图7.11所示。小嵩草高寒草甸在日均温度-30℃~0℃区间内的冷激速度最快（见图7.10），冷激作用的温度范围与地面物候模型相比较窄；其驱动单元作用规律与地面观测模拟结果相似（见图7.11），基本上也是-20℃~30℃内发育速度逐渐增加到最大，但其发育速度最快的区间与地面模型有所不同，其在-12℃~25℃内发育速度增加最快。

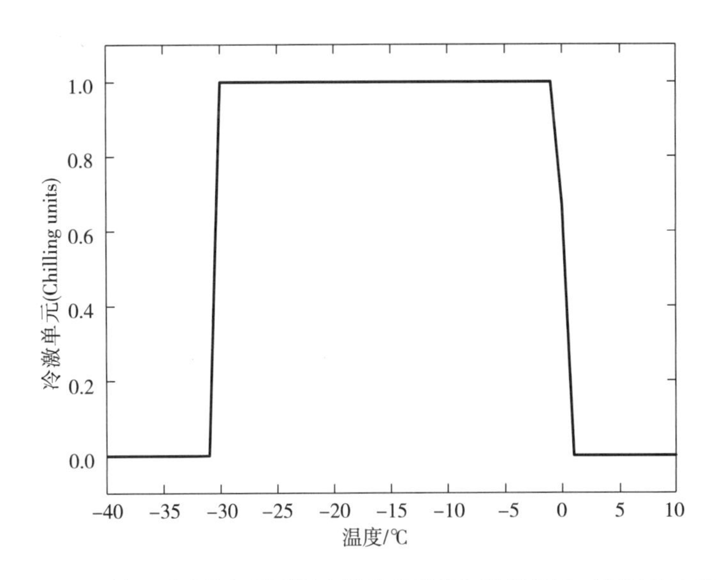

图7.10　基于遥感物候模型的小嵩草高寒草甸冷激单元对气温的响应

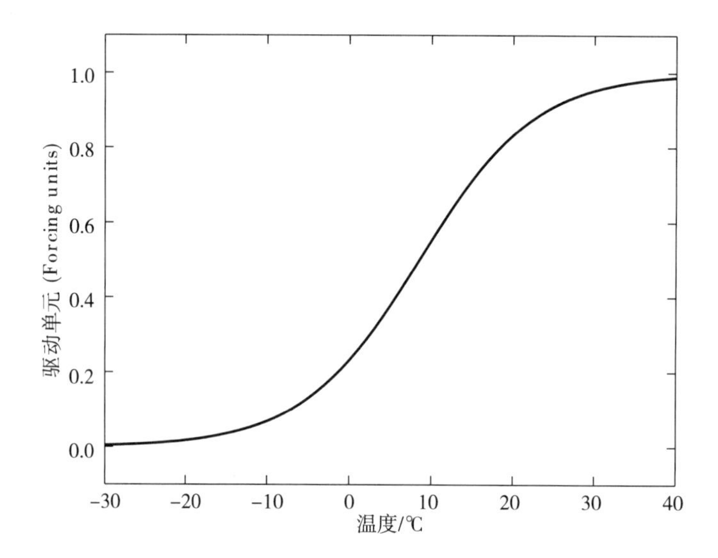

图 7.11　基于遥感物候模型的小嵩草高寒草甸驱动单元对气温的响应

基于地面观测数据和遥感监测数据的两种物候模型均表明，尽管超过30℃时发育速度将维持在最大值基本不变，但在温带地区植被很少出现最适宜生长温度的情况，因此实验未考虑极高温度下的生长情况。小嵩草高寒草甸的发育作用启动较早，这可看作是其对青藏高原高寒地带低温作用的长期适应结果。

综合对比地面观测和遥感监测两种模型的冷激、驱动作用规律，基于地面观测数据的物候模型具有“冷激及驱动启动温度更低、冷激及驱动作用温度区间更长”的特点，这将导致两套模型参数模拟的发育过程不同，进而造成返青期有所区别。

为评估两套模型参数的差别带来的影响，仍以曲麻莱气象站（34°08′N, 95°47′E）为例，分析了其1982—2001年的冷激单元和驱动单元作用的起止时间（见图7.12）。依据遥感模拟结果，研究区32个站点的冷激起始日期均为前一年的9月1日，冷激作用的结束日期为当年的第88天（当年的3月29日前后），冷激作用的长度约为230天；驱动作用的起始日期为前一年的-67±16天（DOY）（10月23日±16天），驱动作用的结束日期为当年131±11天（DOY）（5月11日±11天），驱动作用的长度为198±22

天；冷激与驱动存在 154±16 天的共同作用期。而依据地面观测结果（见 7.4.2 节），冷激单元在每年的 87 天（DOY）左右（即 3 月 28 日前后）停止作用，驱动单元大多在 −70 天（DOY）之前开始作用，存在大约 154±11 天左右的冷激、驱动共同作用期。

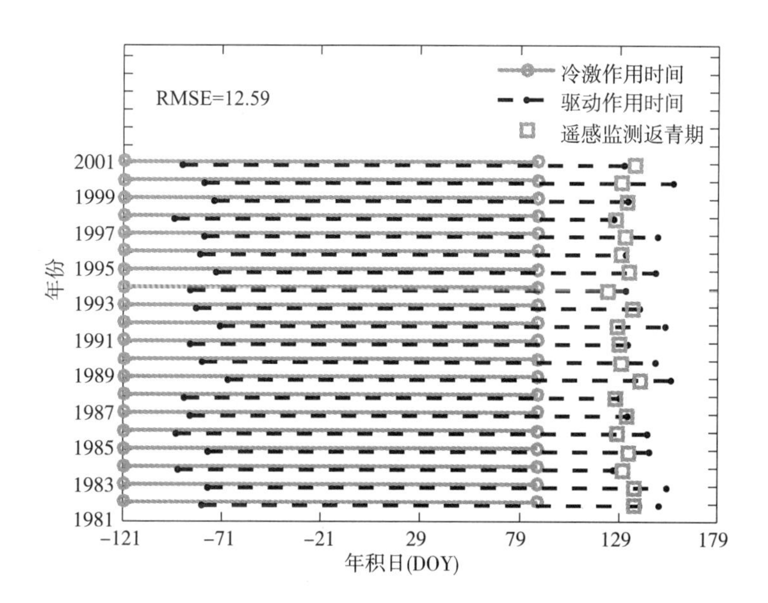

图 7.12　基于遥感监测数据的小嵩草高寒草甸冷激单元和驱动单元作用的时间

两套模型模拟的发育过程之所以有此区别，与地面观测和遥感监测的模型研究尺度有关。基于地面观测的物候模型是从物种的角度对植物物候进行研究，而基于遥感监测的物候模型是从群落及生态系统的角度进行研究。尽管两套模型模拟的发育过程有所差别，但基本特征一致；且都表明，对于小嵩草高寒草甸，其休眠期和静止期并不存在清晰的界限，这是由于其长期处于低温作用环境下，一年内的高温时段相对较短，其返青既需要充分的抗寒锻炼，又需要一定的驱动发育，为同时满足这两项需求，冷激与驱动只能同时发生作用，以保证及时返青，进而在秋季降温前顺利完成整个生长周期。

7.5.2.2　小嵩草高寒草甸返青期通用物候模型的验证

为验证基于遥感监测的通用物候模型的求解精度，本实验分别通过内部检验和外部检验两种方式分析模型预测返青期和遥感识别返青期的相关性。

遥感模型内部检验结果如图 7. 13 所示，所用返青期数据为建模时采用的 32 个站点 1982—2001 年间的遥感识别值与模型生成的预测值，二者的相关系数为 0. 62，显著性水平小于 0. 000 1，曲线拟合的 RMSE 为 7. 53 天。

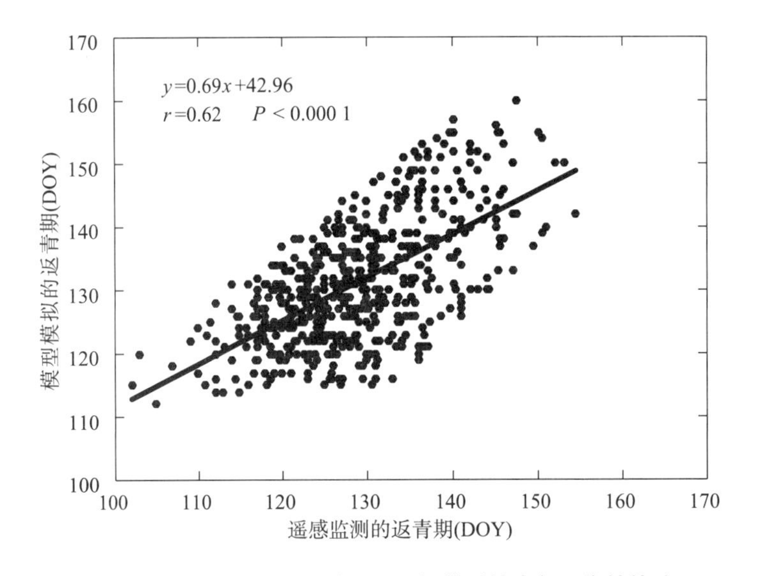

图 7. 13 基于遥感监测的通用物候模型的内部可靠性检验

遥感模型外部检验结果如图 7. 14 所示. 所用返青期数据为与建模无关的 32 个站点 2002—2011 年的遥感识别值与模型预测值，二者的相关系数为 0. 61，显著性水平小于 0. 000 1，曲线拟合的 RMSE 为 6. 87 天。

内部检验和外部检验结果表明，通用物候模型能够独立、准确地模拟广泛分布的 32 个气象站点附近多年的返青期，适用性较强。通用物候模型的有效性同时表明，温度对于青藏高原小嵩草高寒草甸返青期变化起到决定性作用，其多年来返青期的变化与四季温度的变化情况有很强的相关性。

尽管基于地面数据和遥感数据建立的小嵩草高寒草甸物候模型参数有所差别，但两套模型反映的物候机理一致：受青藏高原高寒环境影响，在

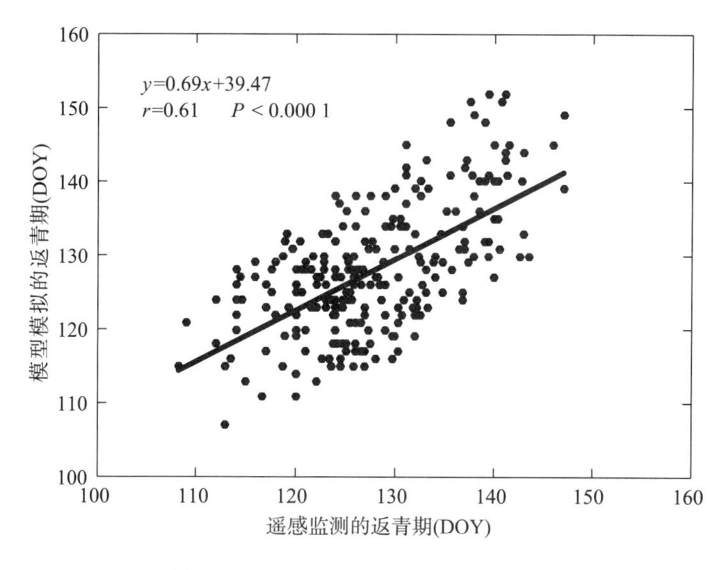

图 7.14 基于遥感监测的通用物候模型的外部可靠性检验

休眠期和静止期内，冷激温度和驱动温度作用时间均较长，且具有较长的共同作用期，以保证在返青前经历充分的抗寒锻炼和驱动发育过程。小嵩草高寒草甸返青期由其在休眠期和静止期内对温度的响应过程决定，是冷激作用和驱动作用联合作用的结果，具有“冷激时间长、驱动起始早、冷激驱动共同作用期较长”的特点。同时，本实验基于地面物候数据的通用物候模型内部检验的 RMSE 为 8.58 天，外部检验的 RMSE 为 8.65 天；基于遥感监测数据的通用物候模型内部检验的 RMSE 为 7.53 天，外部检验的 RMSE 为 6.87 天，表明二者内外部验证精度相近。因此，在缺乏地面观测数据的情况下可采用遥感监测的数据建立物候模型，实现物候监测的尺度拓展。

7.6 基于模型模拟的小嵩草返青期变化

7.6.1 基于地面数据和通用物候模型模拟的返青期变化

基于地面物候观测数据和通用物候模型（Chuine，2000）模拟了青藏高原小嵩草高寒草甸的返青期（见 7.4 节）。主要过程为：基于 1982—2011 年青藏高原 5 个气象站点的日均温度数据，采用小嵩草高寒草甸返青期地面物候模型模拟了 5 个站点 1982—2011 年的返青期，结果如图 7.15 所示。结果表明：各站点返青期主要集中在每年的第 110 ~ 140 天；同时发现模拟的 1982—2011 年的返青期呈提前趋势，平均提前了 4.58 天/10 年，这与地面物候观测的返青期提前趋势一致。

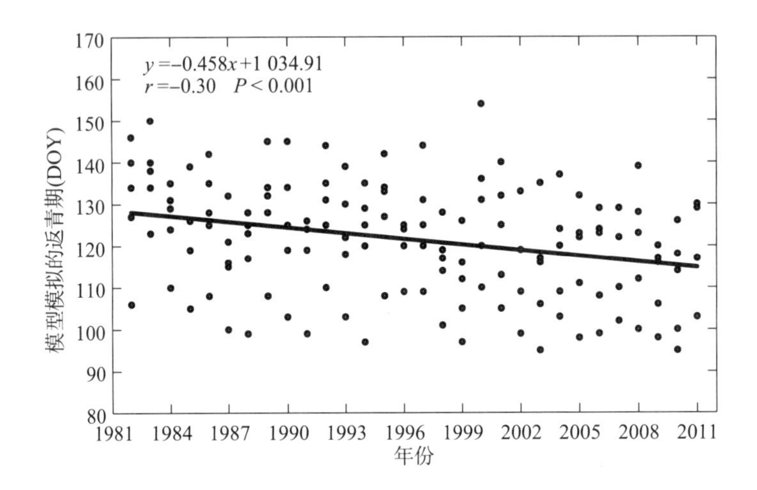

图 7.15 1982—2011 年基于地面物候模型模拟的 5 个站点返青期及其变化图

7.6.2 基于遥感数据和通用物候模型模拟的返青期变化

基于遥感数据和通用物候模型对小嵩草高寒草甸的返青期进行了模拟。结果表明，从总体上看（见图 7.16），32 个站点 1982—2011 年青藏高原小嵩草高寒草甸的返青期主要集中在每年的第 130 ~ 150 天。其中有 29 个站点返青期呈提前趋势（90.63%），平均提前了 8.29 天（2.76 天/10 年）；其中有 3 个站点小嵩草高寒草甸的返青期呈延后趋势。

地面物候模型模拟、遥感监测和遥感物候模型模拟的青藏高原小嵩草高寒草甸的 1982—2011 年平均返青期分别主要集中在每年的第 110 ~ 140 天、120 ~ 140 天和 130 ~ 150 天，遥感监测的平均返青期数值介于地面物候模型和遥感物候模型模拟的返青期之间。三种方法获得的小嵩草高寒草

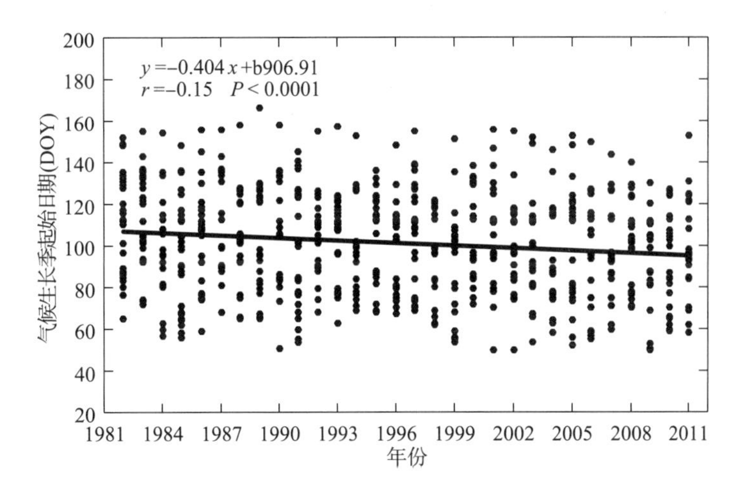

图 7.16 1982—2011 年青藏高原地区热生长季及其变化趋势

甸 1982—2011 年的返青期提前趋势一致，只是幅度上有些差别，分别提前了 4.58 天/10 年、1.58 天/10 年和 2.76 天/10 年。这些变化幅度存在差异可能主要是因为地面观测的返青期与遥感监测结果并不完全代表相同的物候事件。由此可见，遥感监测、地面物候模型模拟和遥感物候模型模拟的青藏高原小嵩草高寒草甸的平均返青期和返青期变化具有较好的一致性，因此在缺乏某种数据时，可考虑采用另外两种手段获取返青期及其变化量作为补充；若三种手段均可实现，可作为交叉验证进行研究。

由于采用 5 个气象站点的地面物候观测的返青期数据进行地面物候模型模拟，因此获得的模型参数主要反映了 5 个气象站点覆盖区域的返青期，而基于遥感监测的返青期数据覆盖了青藏高原的 32 个气象站点，几乎覆盖了整个青藏高原小嵩草高寒草甸的分布区域，因此遥感物候模型模拟出的参数适用于反映整个青藏高原小嵩草高寒草甸的返青期。可见，地面物候模型可较好地验证遥感物候模拟的正确性，而基于遥感监测的物候模型可在更大尺度上反映植被物候及其变化。

基于遥感的物候模型模拟结果表明，1982—2011 年青藏高原小嵩草高寒草甸返青期平均提前了 8.29 天（2.76 天/10 年），这与目前一些有关青藏高原植被返青期研究中得出的提前趋势较为一致（Piao 等，2006；祁如英等，2006；丁明军等，2011；Zhang 等，2013），但提前的幅度不尽相同，这可能与各研究采用的遥感数据类型及研究的植被类型不同有关。

生长季也可由气候学定义。虽然在特定的区域，环境的影响因素不同，如温度阈值、光的可用性、可用水量等，但气候生长季通常仅由温度来定义（Walther 和 Linderholm，2006；Liu 等，2010），即热生长季。为了进一步验证小嵩草高寒草甸返青期的变化，实验也分析了青藏高原小嵩草高寒草甸热生长季起始日期的变化。实验中将温度在霜冻（>0℃）之后的连续 6 天日均温度达 5℃的最后一天（第 6 天）对应的日期作为热生长季起始日期（Dong 等，2012）。实验首先采用 5 日滑动平均法对 1982—2011 年的日均温度数据进行预处理，然后求出其气候生长季起始日期。

1982—2011 年青藏高原地区 32 个气象站点的气候生长季起始日期中有 31 个站点呈提前趋势（见图 7.16），平均提前了 12 天（4.04 天/10 年）；同时发现，遥感模型模拟的小嵩草高寒草甸返青期与气候生长季起始日期呈显著相关（见图 7.17），相关系数为 0.700（P<0.000 1）。可见，小嵩草高寒草甸返青期的变化与温度密切相关，说明采用通用物候模型模拟青藏高原小嵩草高寒草甸的返青期具有一定的合理性，同时表明青藏高原小嵩草高寒草甸的返青期已经对气候变暖产生了响应。

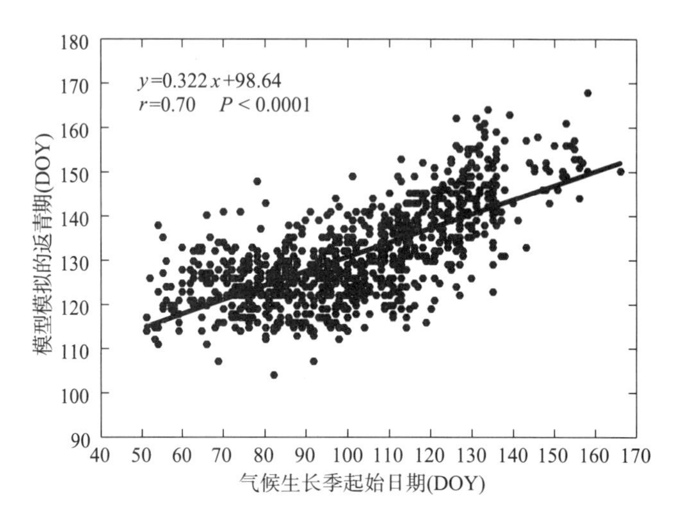

图 7.17 各站点 1982—2011 年遥感模型模拟的返青期与气候生长季起始日期的相关性分析

7.7 物候模型模拟的可靠性分析

为进行尺度扩展，研究整个青藏高原小嵩草高寒草甸的返青期变化，实验基于1982—2011年8km分辨率的NOAA NDVI数据识别的青藏高原小嵩草高寒草甸返青期对通用物候模型进行了参数化，模型内部检验的RMSE为7.53天，外部检验的RMSE为6.87天。这与王焕炯等（2012）利用1952—2007年中国白蜡树地面物候观测数据，采用简化的通用物候模型（Chuine，2000）对模型参数化的内外部验证结果相近（内外部验证RMSE均为6.1天）。这表明基于遥感数据在群落水平上建立的青藏高原小嵩草高寒草甸返青期模型与基于物种水平建立的中国白蜡树展叶期模型的内外部验证精度相当，由此可见，在一定精度水平上，基于NOAA识别的返青期物候模型可以从群落水平对小嵩草高寒草甸进行准确的物候模拟。

基于遥感监测结果的物候模型模拟的可靠性受多因素影响，如：遥感数据质量（遥感数据是否含有大量噪声），遥感空间分辨率（遥感像元是否只包含某一种纯净的植被类型），研究区的植被分布状况（某一类型的植被是否呈大面积分布，群落是否具有明显的优势物种），地形起伏（地形是否高低起伏较大或有多个小山连接而成从而导致植被在遥感影像中的灰度不均一等）等。要克服以上诸多因素对遥感监测物候模型的影响，在遥感影像的选择上可考虑选取数据质量高、空间分辨率高的遥感时序数据，如中国的环境一号卫星，其分辨率为30m，重访周期为2~3天；在遥感数据预处理上，选取适当的方法对原始影像进行去除噪声处理，如S-G滤波法（Chen等，2004）、双高斯函数拟合法等（Jönsson和Eklundh，2002）；在遥感植被指数选择上，根据不同的研究区域和植被类型选取能反映其植被生长活动状况的最佳植被指数，并采用适宜的方法求取植被物候；此外，还应充分结合高精度的植被分类图数据、土地覆盖类型图数据、高分辨率的地形数据及其他相关的基础数据等对研究区域进行深入了解和分析，以确保所选像元的纯净性。

第八章　青藏高原小嵩草高寒草甸返青期变化气候驱动机理分析

8.1　青藏高原 1981—2011 年四季温度变化

为研究 1981—2011 年四季温度变化对返青期的影响，课题组对研究区域内近年来的温度变化情况进行了统计分析。

对青藏高原地区四季温度分析方法如下：

（1）时间平均：利用各站点 1981—2011 年的日均温度数据，逐个站点、逐年求取各季度日均温度平均值。

（2）空间平均：逐年、逐个季度求取所有站点季度均温的空间平均值。

（3）求取距平值：将每年、多点平均后的四季均温与多年、多点平均后的四季均温相减，获得各季度每年的平均温度相对于多年平均温度的差量。

（4）趋势分析：对距平值按年份进行统计分析，研究近年来四季温度变化趋势。

参考北温带关于季节的时间范围的定义，秋季为 9 月、10 月、11 月，冬季为 12 月、1 月和 2 月，春季为 3 月、4 月、5 月，夏季为 6 月、7 月、8 月。图 8.1（a）~图 8.1（d）为 1981—2011 年各站点四季日均温度距平值变化量。趋势分析结果表明：1981—2011 年青藏高原四季日均温度都呈升高趋势，秋季日均温度升高了1.41℃，冬季日均温度升高了2.25℃，春季日均温度升高了1.59℃，夏季日均温度升高了1.50℃；冬、春季变暖较夏、秋季更为明显。

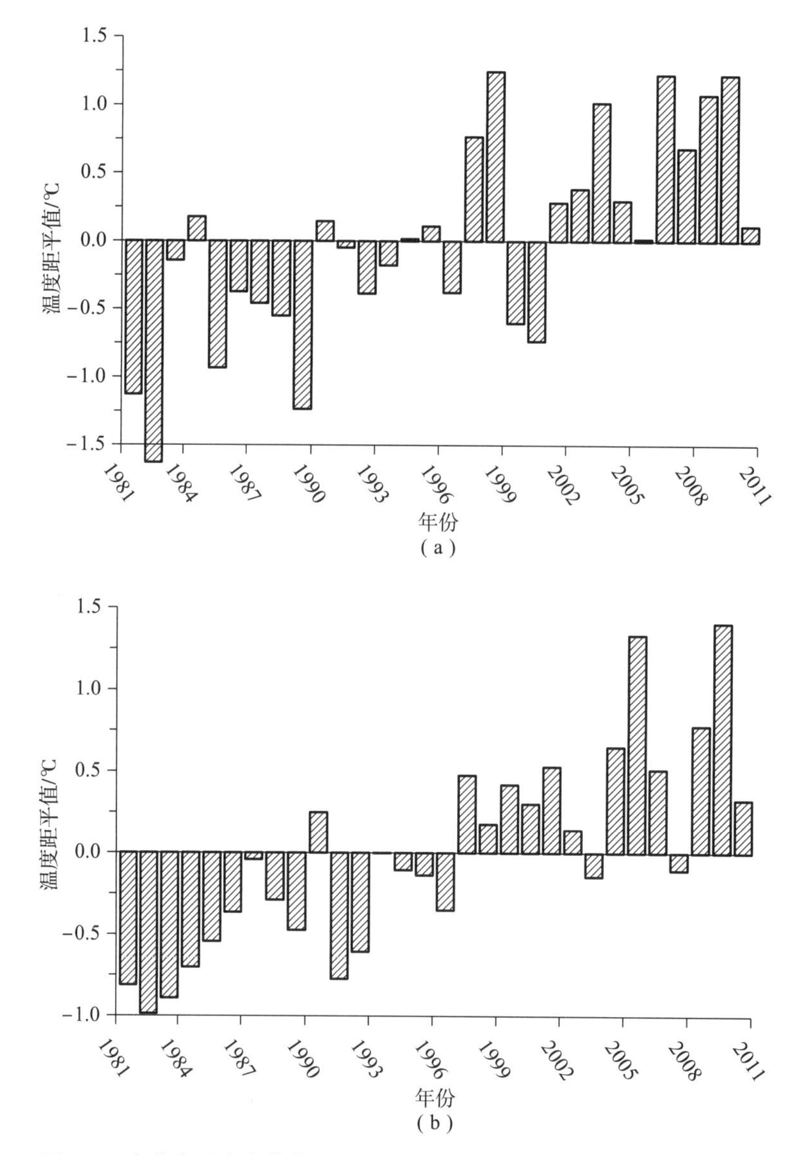

图8.1 青藏高原小嵩草主要覆盖地区1982—2011年四季日均温度变化

(a) 春季温度距平值变化；(b) 夏季温度距平值变化

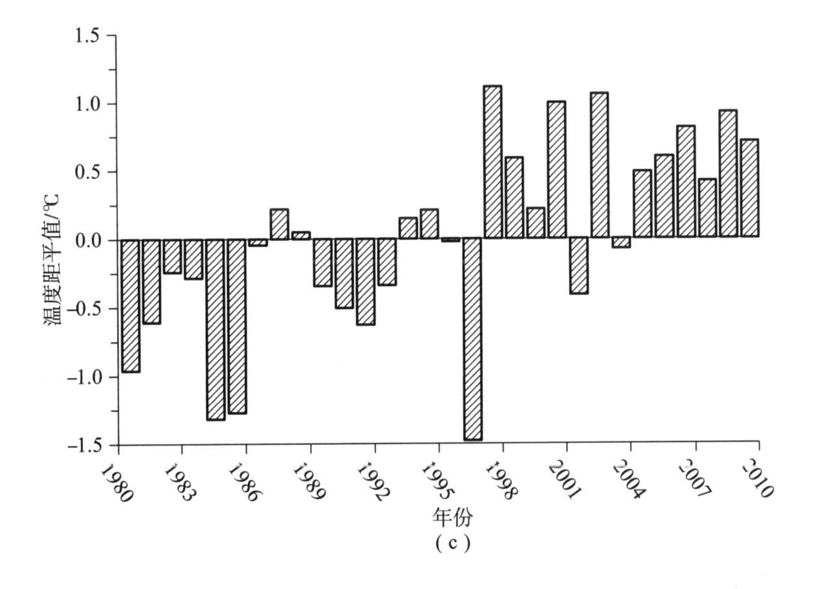

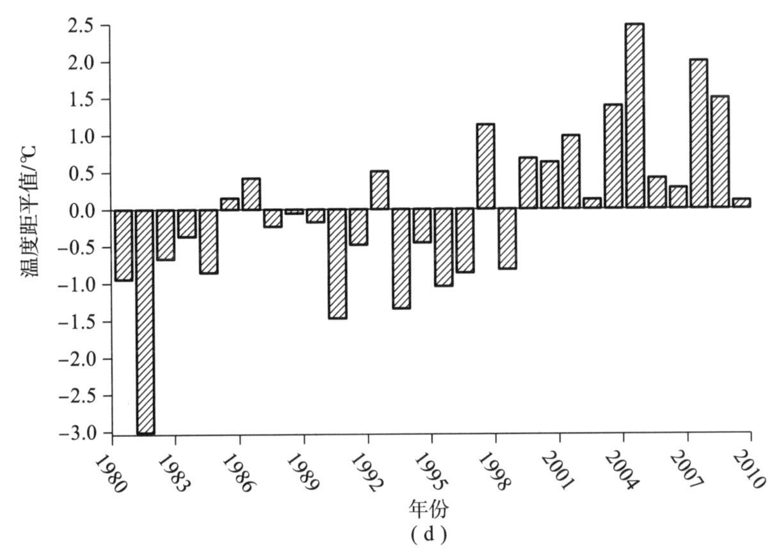

图 8.1　青藏高原小嵩草主要覆盖地区 1982—2011 年四季日均温度变化（续）

（c）秋季温度距平值变化；（d）冬季温度距平值变化

8.2 蒙特卡洛模拟法

蒙特卡洛模拟法，又称统计模拟法或计算机随机模拟法，是一种使用“随机数”来解决计算问题的方法（刘军，2009）。蒙特卡洛模拟法借助随机抽样技术对系统属性进行模拟以获得问题的近似解，算法简单、适应性强，是进行统计研究、解决复杂实际问题不可缺少的试验工具（孙文彩等，2012；王克等，2014；洪志敏等，2016；魏艳华等，2019）。

对于模型而言，蒙特卡洛模拟法的原理是用随机抽样的方法生成一组输入变量的数值，然后将这组数值输入模型来计算模型的输出数值（Veihe和Quinton，2000；Meyra等，2012；Millán等，2016；Liang和Liu，2018）。这种抽样方法需要计算的次数足够多，以此获得模型结果的概率分布和累计概率分布，从而来估计各自变量对模型输出结果的影响。本实验利用蒙特卡洛模拟方法来定量分析四季温度变化对返青期的影响，其中，输入变量为四季温度的变化，模型为基于地面及遥感的通用物候模型，输出结果为返青期。

本实验采用蒙特卡洛模拟法模拟返青期的要点主要包括三个：

一是基于蒙特卡洛模拟法随机打靶生成均匀分布的四季温度的变化量。

二是将其与多年平均温度数据叠加后输入地面/遥感物候模型，得出每种温度变化情景对应的返青期变化量。

三是对返青期变化量与四季温度变化量作相关性分析，研究四季温度变化对返青期的影响。

具体步骤如下：

（1）采用蒙特卡洛模拟法模拟生成多种情景的气象数据。针对各气象站点，分别统计1981—2011年的日均温度和标准差，然后在-1.0倍标准差至+1.0倍标准差的范围内，分别对四季温度变化量进行均匀分布的蒙特卡洛随机打靶2 000次，生成四季温度不同变化组合情况下的2 000组温度数据。

（2）将各气象站点每种新生成的日均温度数据输入通用物候模型，生成2 000组返青期，并分别求出其相对于基准温度数据的返青期变化量。

（3）采用统计方法，分析返青期变化量与秋季、冬季、春季、夏季四季温度变化量的相关性，并结合物候模型分析冷激积温和驱动积温对返青期的影响规律。

8.3 小嵩草高寒草甸返青期对温度变化的敏感性分析

8.3.1 基于地面物候模型的返青期对温度变化的敏感性分析

8.3.1.1 返青期对四季温度变化的敏感性分析

基于地面模型分析，图8.2和图8.3分别给出小嵩草高寒草甸返青期对单一季节温度变化（仅某个季节的日均温度通过随机打靶而发生变化，其他季节用多年日平均值）和四季温度联合变化（四个季节的日均温度都通过随机打靶而发生变化）的敏感性。可以看出，返青期变化与秋季、冬季、春季三个季节温度变化均有较显著的相关性，单一季节温度变化的相关性更高些，相关系数分别为0.95、-0.96、-0.98（见图8.2）；返青期变化与夏季温度变化无相关性。

由于气候变化往往不是单一季节变化，而是各季节温度都在不同程度上同时发生变化，因此重点分析返青期对四季温度联合变化的敏感性。

前一年秋季温度变化与返青期变化呈正相关（$r=0.17$，$P<0.001$），如图8.3（a）所示。秋季日均温度每升高1℃，次年返青期推迟0.937天。

前一年冬季温度变化与返青期变化显著负相关（$r=-0.53$，$P<0.001$），如图8.3（b）所示，其敏感性大小为-2.236天/℃。

春季温度变化与返青期变化显著负相关（$r=-0.80$，$p<0.001$），如图8.3（c）所示，其敏感性大小为-4.119天/℃；夏季温度变化与返青

期变化无显著相关性，如图 8.3（d）所示。相较而言，春季温度升高较冬季温度升高导致的返青期提前程度更为明显，秋季温度升高导致的返青期延后程度较弱。

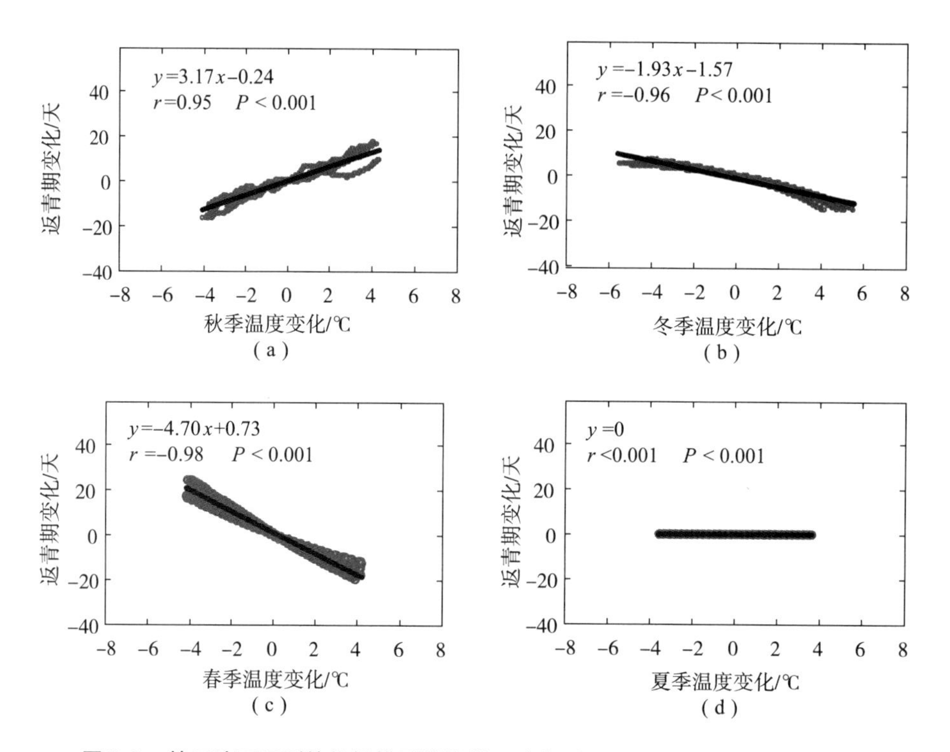

图 8.2 基于地面观测的物候模型模拟的返青期对四季温度单一变化的敏感性

（a）返青期对秋季温度单一变化的敏感性；（b）返青期对冬季温度单一变化的敏感性；（c）返青期对春季温度单一变化的敏感性；（d）返青期对夏季温度单一变化的敏感性

8.3.1.2 各种温度变化情景下的返青期变化概率分析

本实验对各站点四季日均温度分别进行 2 000 次随机打靶得到模拟的温度变化情景数据，并根据物候模型模拟得到各情景对应的返青期，最后按照四季温度组合情况进行分类统计分析，计算 16 种组合情况下返青期提前和延后的概率，以便整体把握四季温度变化对返青期的影响趋势。

从表 8.1 可以看出：

（1）两两对比情景 A1 与 A2、B1 与 B2、C1 与 C2、D1 与 D2、E1 与

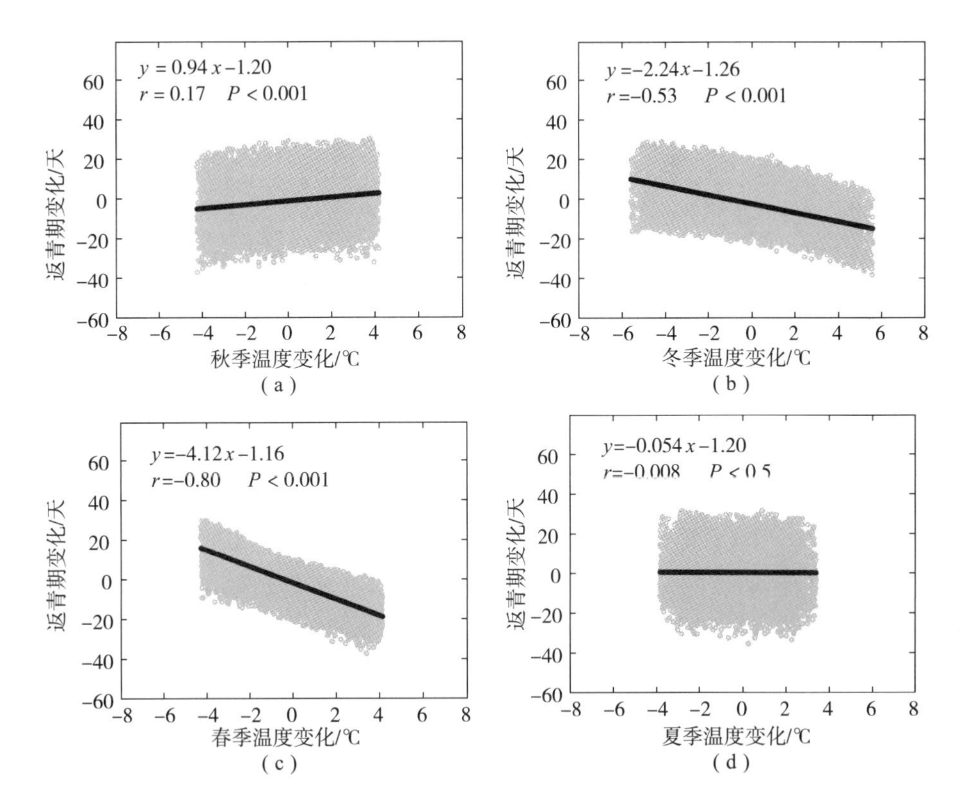

图 8.3 基于地面观测的物候模型模拟的返青期对四季温度联合变化的敏感性

(a) 返青期对秋季温度联合变化的敏感性；(b) 返青期对冬季温度联合变化的敏感性；
(c) 返青期对春季温度联合变化的敏感性；(d) 返青期对夏季温度联合变化的敏感性

E2、F1 与 F2、G1 与 G2、H1 与 H2 可知，当前一年秋季、前一年冬季、本年春季温度变化趋势一致时，本年夏季温度升降对返青期变化的概率几乎没有影响，说明夏季温度变化对返青期的影响不显著，这是由于夏季一般处于小嵩草休眠期、静止期之外，不会对其返青造成影响。

(2) 对比情景 A1/A2 与 B1/B2、C1/C2 与 D1/D2、E1/E2 与 F1/F2、G1/G2 与 H1/H2 可知，当前一年秋季、冬季两季温度变化趋势一致时，本年春季温度升高会导致返青期提前的概率明显增加，这是由于春季主要处于静止期内，春季变暖使得驱动作用增强，从而加快植被返青。

(3) 对比情景 A1/A2 与 C1/C2、B1/B2 与 D1/D2、E1/E2 与 G1/G2、F1/F2 与 H1/H2 可知，当前一年秋季、本年春季温度变化趋势一致时，前一年冬季温度升高会导致返青期提前的概率明显增加，这是由于小嵩草静止期启动较早，在冬季驱动作用便已开始，冬季变暖使得驱动作用增强；同时，由于小嵩草冷激作用在冬季几乎均处于最强状态，冬季微弱变暖对抗寒锻炼影响较小，不会对植被返青造成明显延迟。

（4）对比情景 A1/A2 与 E1/E2、B1/B2 与 F1/F2、C1/C2 与 G1/G2、D1/D2 与 H1/H2 可知，当前一年冬季、本年春季温度变化趋势一致时，前一年秋季温度升高会导致返青期延后的概率明显增加，这是由于秋季主要处于休眠期内，秋季变暖会导致冷激单元的作用强度降低，导致抗寒锻炼不足。

可见，冬春变暖使返青期提前，秋季气温升高使返青期延后，夏季气温变化对返青期基本无影响。此外，1982—2011 年青藏高原实际的温度变化情况为四季均有升高（见图 8.1），其对应于表 8.1 的 A1 情景，此时基于地面模型的蒙特卡洛模拟结果表明，此温度情景中返青期提前的概率为 99.68%，与 7.4.1 节地面观测结果呈现的返青期变化趋势一致。

表 8.1　基于蒙特卡洛法的小嵩草高寒草甸返青期变化情况统计（地面）

季节日均温度变化情况					返青期变化情况			
序号	前一年秋季	前一年冬季	本年春季	本年夏季	延后样本数	提前样本数	延后概率/%	提前概率/%
A1	升	升	升	升	2	626	0.32	99.68
A2	升	升	升	降	3	612	0.49	99.51
B1	升	升	降	升	391	216	64.42	35.58
B2	升	升	降	降	398	226	63.78	36.22
C1	升	降	升	升	157	429	26.79	73.21
C2	升	降	升	降	167	506	24.81	75.19
D1	升	降	降	升	636	0	100	0
D2	升	降	降	降	650	0	100	0
E1	降	升	升	升	0	596	0	100
E2	降	升	升	降	0	626	0	100

续表

季节日均温度变化情况					返青期变化情况			
序号	前一年秋季	前一年冬季	本年春季	本年夏季	延后样本数	提前样本数	延后概率/%	提前概率/%
F1	降	升	降	升	262	338	43.67	56.33
F2	降	升	降	降	284	367	43.63	56.37
G1	降	降	升	升	106	551	16.13	83.87
G2	降	降	升	降	99	553	15.18	84.82
H1	降	降	降	升	597	14	97.71	2.29
H2	降	降	降	降	582	6	98.98	1.02

8.3.2　基于遥感物候模型的返青期对温度变化的敏感性分析

8.3.2.1　返青期对四季温度变化的敏感性分析

图8.4和图8.5分别表示遥感监测物候模型模拟的小嵩草高寒草甸返青期对单一季节变化（仅某个季节的日均温度通过随机打靶而发生变化，其他他季节用多年日平均值）和四季温度联合变化（四个季节的日均温度都通过随机打靶而发生变化）的敏感性。与地面监测物候模型一致，遥感监测模型的返青期与秋季、冬季、春季三个季节单季温度变化也均有显著的相关性，相关系数分别为0.90、-0.81、-0.92（见图8.4）。

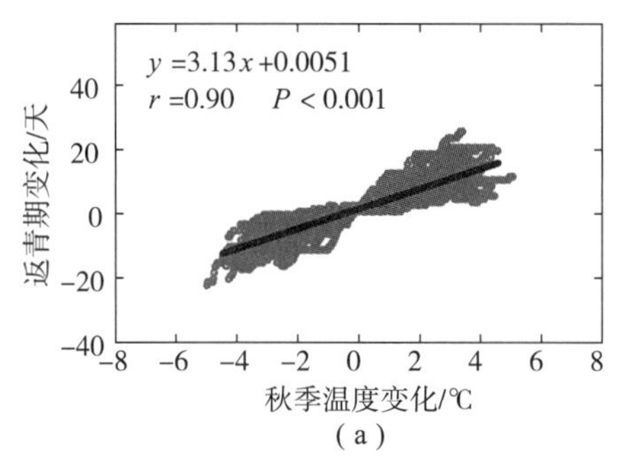

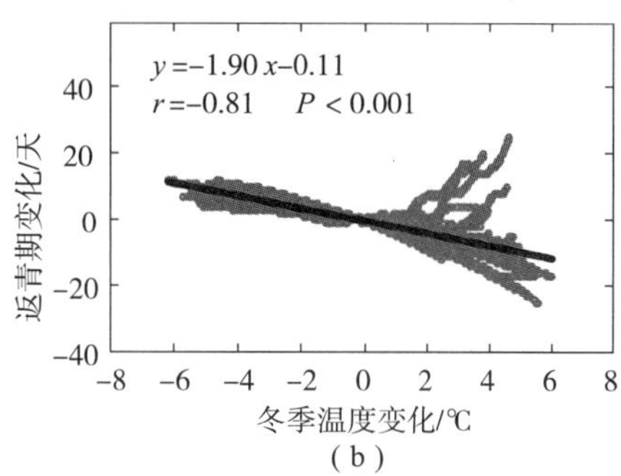

图8.4　基于遥感监测的物候模型模拟的返青期对四季温度单一变化的敏感性

（a）返青期对秋季温度单一变化的敏感性；（b）返青期对冬季温度单一变化的敏感性

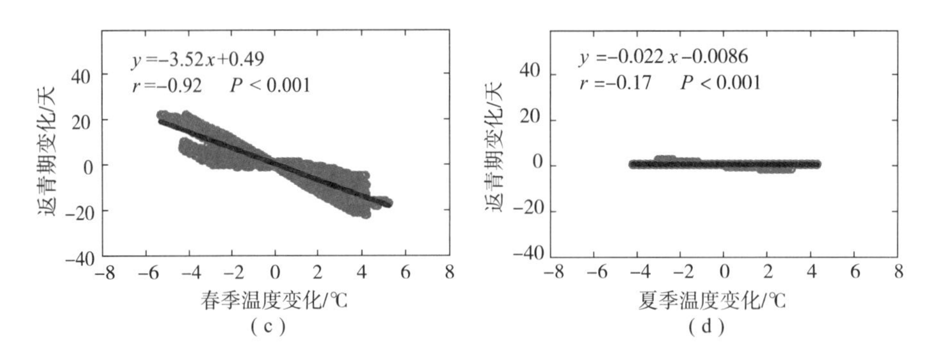

图 8.4 基于遥感监测的物候模型模拟的返青期对四季温度单一变化的敏感性（续）

（c）返青期对春季温度单一变化的敏感性；（d）返青期对冬季温度单一变化的敏感性

当四季温度联合变化时，前一年秋季温度变化与返青期变化显著正相关（$r = 0.52$，$P < 0.001$），如图 8.5（a）所示。秋季日均温度每升高1℃，次年返青期推迟 3.176 天；前一年冬季温度变化与返青期变化负相关（$r = -0.40$，$P < 0.001$），其敏感性大小为 -1.910 天/℃，如图 8.5（b）所示；春季温度变化与返青期变化显著负相关（$r = -0.61$，$P < 0.001$），其敏感性大小为 -3.54 天/℃，如图 8.5（c）所示；夏季温度变化与返青期变化无显著相关性，如图 8.5（d）所示。相较而言，春季温度升高导致的返青期提前较冬季更为明显，春季温度升高导致的返青期提前与秋季温度升高导致的返青期延后程度相当。

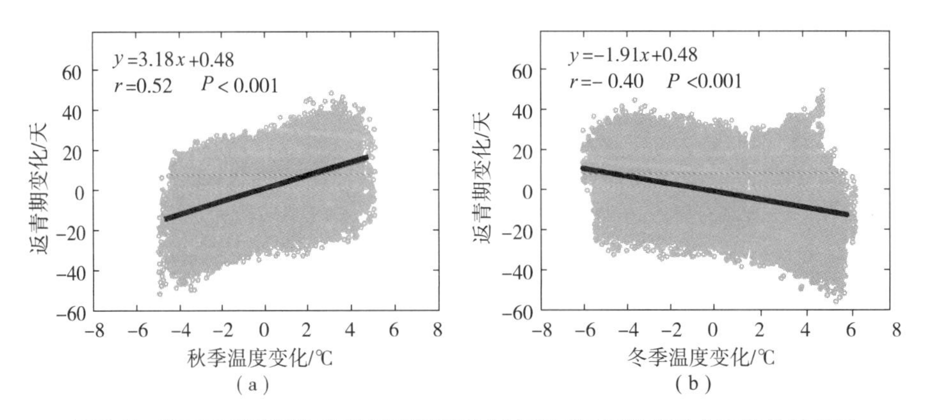

图 8.5 基于遥感监测的物候模型模拟的返青期对四季温度联合变化的敏感性

（a）返青期对秋季温度联合变化的敏感性；（b）返青期对冬季温度联合变化的敏感性

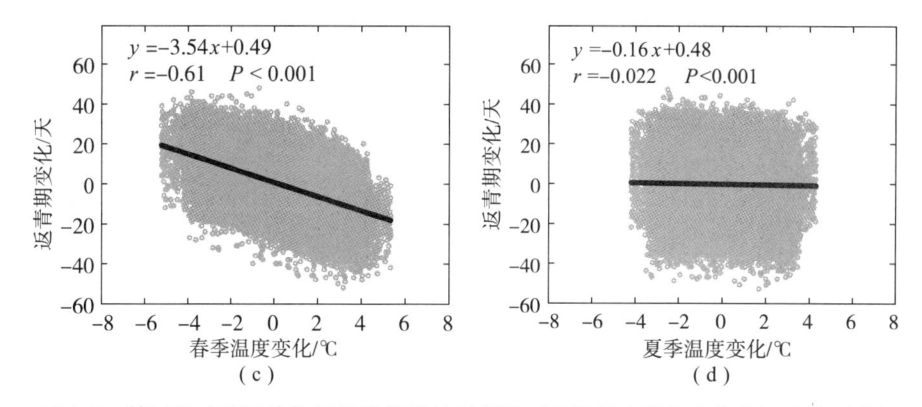

图 8.5 基于遥感监测的物候模型模拟的返青期对四季温度联合变化的敏感性（续）

(c) 返青期对春季温度联合变化的敏感性；(d) 返青期对夏季温度联合变化的敏感性

基于遥感模型的小嵩草高寒草甸返青期对温度变化的敏感性分析结果与基于地面模型的分析结果基本一致，只是敏感性程度稍有差别。

8. 3. 2. 2 各种温度变化情景下的返青期变化概率分析

本实验将遥感模型的蒙特卡洛模拟法的研究结果按照四季温度组合情况进行分类统计分析，计算 16 种组合情况下返青期提前和延后的概率，如表 8. 2 所示。

表 8. 2 基于蒙特卡洛模拟法的小嵩草高寒草甸返青期变化情况统计（遥感）

季节日均温度变化情况					返青期变化情况			
序号	前一年秋季	前一年冬季	本年春季	本年夏季	延后样本数	提前样本数	延后概率/%	提前概率/%
A1	升	升	升	升	1 108	2 978	27. 12	72. 88
A2	升	升	升	降	1 038	2 924	26. 20	73. 80
B1	升	升	降	升	3 362	575	85. 39	14. 61
B2	升	升	降	降	3 466	639	84. 43	15. 57
C1	升	降	升	升	2 405	1 520	61. 27	38. 73
C2	升	降	升	降	2 544	1 459	63. 55	36. 45
D1	升	降	降	升	3 994	0	100	0
D2	升	降	降	降	4 119	1	99. 98	0. 02

续表

季节日均温度变化情况					返青期变化情况			
序号	前一年秋季	前一年冬季	本年春季	本年夏季	延后样本数	提前样本数	延后概率/%	提前概率/%
E1	降	升	升	升	72	4 039	1.75	98.25
E2	降	升	升	降	49	3 949	1.23	98.77
F1	降	升	降	升	1 176	2 693	30.40	69.60
F2	降	升	降	降	1 218	2 798	30.33	69.67
G1	降	降	升	升	561	3 421	14.09	85.91
G2	降	降	升	降	529	3 446	13.31	86.69
H1	降	降	降	升	3064	927	76.77	23.23
H2	降	降	降	降	3056	870	77.84	22.16

与表8.1对比发现，各种不同情景下，遥感物候模型的返青期变化概率与地面物候模型模拟的返青期变化概率基本一致，即夏季温度变化对返青期几乎无影响，前一年秋季温度升高使返青期延后的概率增加，前一年冬季温度、本年春季温度升高使返青期提前的概率增加。

此外，1981—2011年青藏高原实际的温度变化情况为四季均有升高，对应于表8.2的A1情景，此温度情景中返青期的提前概率为72.88%。

采用蒙特卡洛模拟法分析两套模型中返青期对四季温度变化的敏感性表明：冬春变暖会导致返青期提前；冬季变暖导致地面（遥感）模型模拟的返青期提前2.24天/℃（1.91天/℃）；春季变暖导致地面（遥感）模型模拟的返青期提前4.12天/℃（3.54天/℃）；秋季变暖会导致地面（遥感）模型模拟的返青期延后0.94天/℃（3.18天/℃）；夏季温度变化对返青期影响甚微。

本实验研究结果同时表明，1981—2011年青藏高原小嵩草高寒草甸返青期变化与四季温度变暖密切相关，且冬季、春季变暖是返青期提前的主导因素，采用蒙特卡洛模拟法分析表明，两套模型返青期的提前概率分别为99.68%和72.88%。Zhang等（2013）认为青藏高原植被返青期变化对温度变化的敏感性为－18.3～－13.9天/℃。Wang等（2013）认为此值可能偏高，原因可能是青藏高原积雪覆盖减少导致NDVI值偏高从而致使返青期对温度的敏感性偏高。

本实验基于地面/遥感模型的模拟结果均表明冬春变暖导致返青期提前的幅度与祁如英等（2006）研究的基于地面物候观测的青海草本植物对气候变化的响应一致，变化幅度在其范围内（提前2～10天/℃），这也说明了积雪覆盖并非是影响遥感监测返青期的主导因素，上述研究结果的差异可能主要与返青期遥感识别方法有关。本章充分结合物候模型进行返青期变化规律研究，采用蒙特卡洛模拟法进行机理分析，有助于从各种综合作用因素的复杂影响中提炼出主要规律。

地面物候观测站观测的返青期与遥感监测的返青期变化趋势、基于地面的物候模型参数与基于遥感监测的物候模型参数、蒙特卡洛模拟法分析的两套模型中返青期对四季温度变化的敏感性大小等均有些差别，这一方面是由于地面物候观测站观测和遥感监测的物候数据尺度不同所致，地面物候观测是基于植物物种的尺度，而遥感监测的植被返青期是基于植被群落及生态系统尺度；另一方面可能是因为二者监测物候事件的标准有所区别。

8.4 1982—2011年小嵩草高寒草甸返青期变化的气候驱动机理分析

8.4.1 基于地面物候模型的返青期变化气候驱动机理分析

本实验基于1988—2010年5个气象站点地面物候观测数据模拟出的小嵩草高寒草甸返青期物候模型结果表明，冷激单元在日均温度－39℃～1℃区间内的作用约为1，说明在此温度区间内冷激速度最快，温度过高（1℃以上）或过低（－40℃以下）都会抑制休眠期内的冷激作用（参见图7.5）。当日均温度在－20℃～30℃区间内，小嵩草高寒草甸的发育速度逐渐增加到最大（参见图7.6），尤其是在－16℃～20℃内，驱动单元增加最快，说明在此温度区间内，随着温度升高，植被迅速发育。

从小嵩草返青期模型参数上可以看出，从休眠期至返青期，一方面，冷激积温作用和驱动积温作用的贡献主要表现为冷激单元和驱动单元分别在冷激积温作用时间段（$t_0 \sim t_c$）和驱动积温作用时间段（$t_1 \sim t_b$）内的累积效果；另一方面，冷激积温和驱动积温存在很长一段共同作用期（参见图7.7）。1988—2010年青藏高原各气象站点冷激作用和驱动作用时间段内的日均温度分别升高了1.40℃/10年和0.89℃/10年（见图8.6和图8.7）。

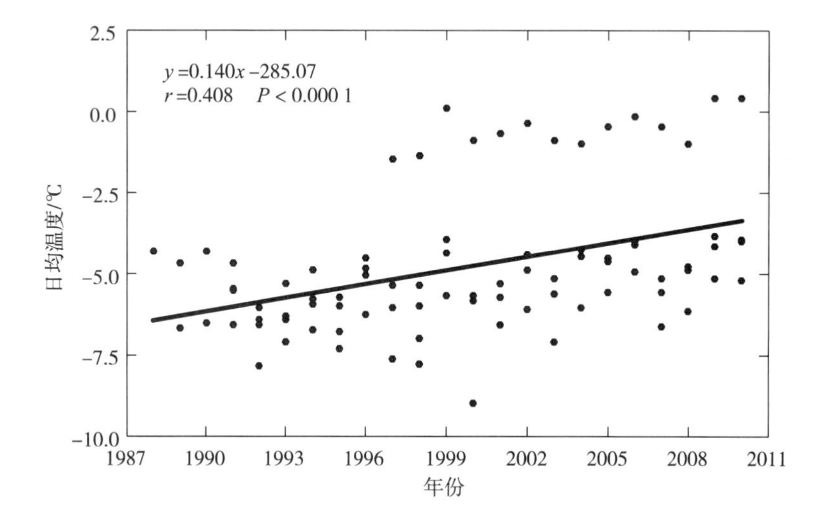

图8.6　各站点1988—2010年冷激作用时间段日均温度及其变化趋势

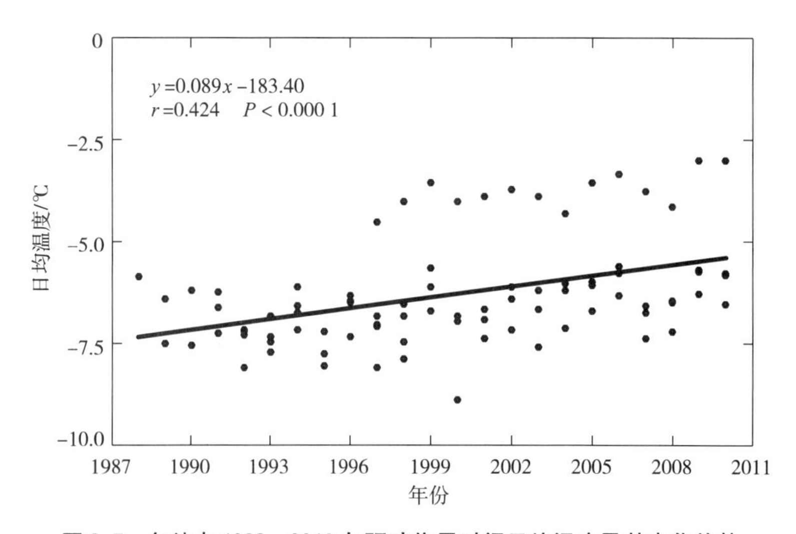

图8.7　各站点1988—2010年驱动作用时间日均温度及其变化趋势

1988—2010 年各站点冷激作用时间段内日均温度在 -39℃ ~1℃的日期数减少了 5.88 天/10 年（见图 8.8），驱动作用时间段内日均温度大于 -16℃的日期数减少了 5.83 天/10 年（见图 8.9）。

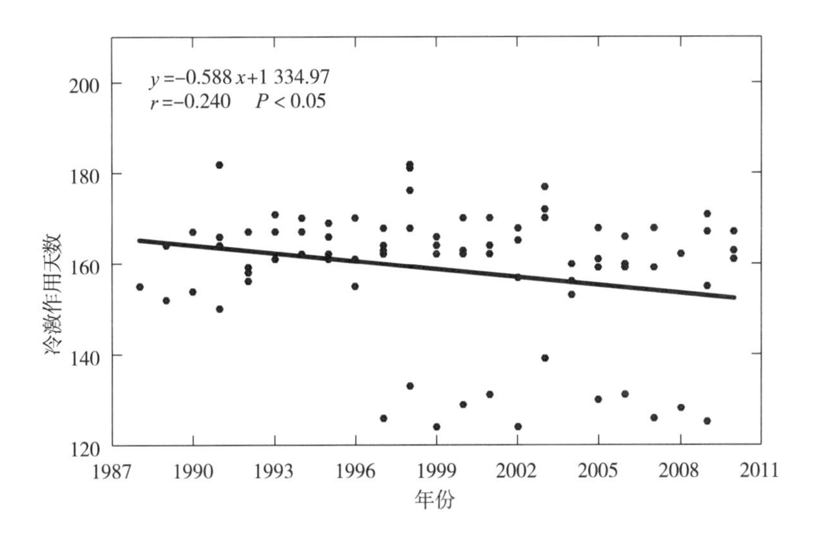

图 8.8 1988—2010 年各站点冷激作用日均温度在 -39℃ ~1℃范围的日期数及其变化趋势

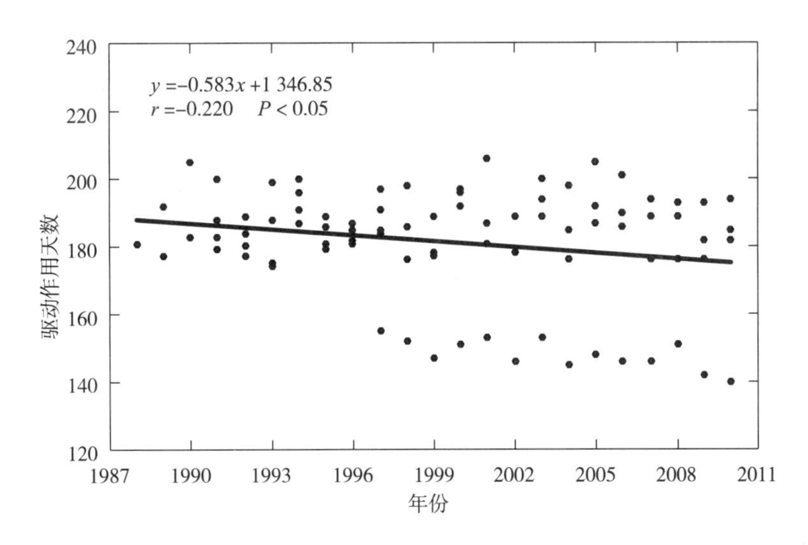

图 8.9 1988—2010 年各站点驱动作用日均温度大于 -16℃的日期数及其变化趋势

由于冷激单元作用的日期数在呈减少趋势，这表明近年来冷激作用可能减弱，从图8.10可以看出，其冷激积温作用呈减弱趋势，减弱了6.54/10年。这表明1988—2010年随着冷激时间段内日均温度的升高，冷激作用的日期数在减少，其冷激积温作用受到温度升高的抑制，这可能使植被经历的抗寒锻炼的时间不足，从而导致返青期延后；与此同时，驱动单元在大于-16℃之后的驱动作用的日期数呈减少趋势，但由于驱动单元时段的温度在升高，因此其累计的驱动积温作用在增加（见图8.11），增加了0.051 8/10年，从而使其驱动作用增强，最终导致植被返青期提前。而地面物候模型模拟的1988—2010年青藏高原小嵩草高寒草甸返青期呈提前趋势，说明驱动作用时间段内日均温度升高的贡献大于冷激作用时间段内日均温度升高的贡献，即冬春变暖（驱动作用主要发生在冬春季节）是引起青藏高原小嵩草高寒草甸返青期提前的主要原因。

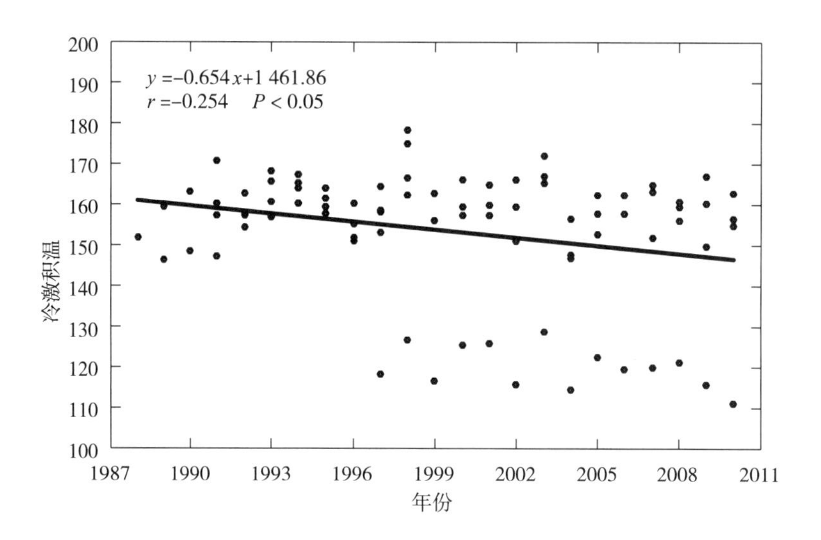

图8.10 1988—2010年各站点冷激积温及其变化

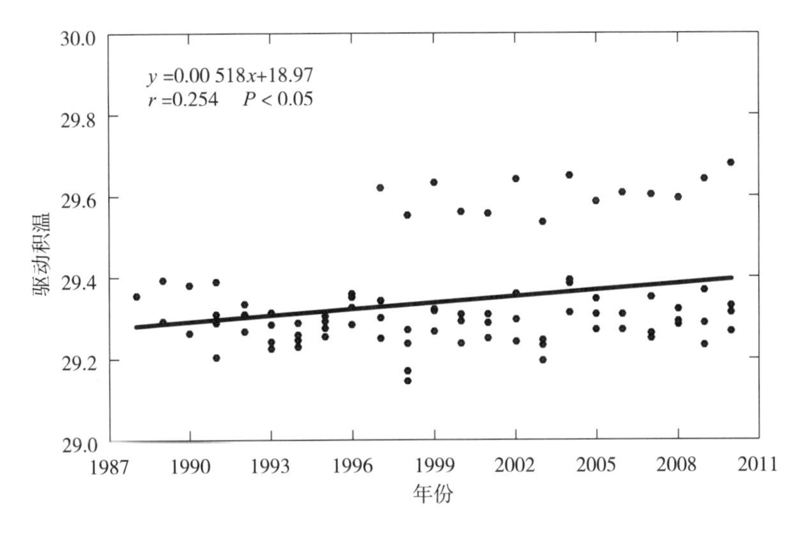

图 8.11　1988—2010 年各站点驱动积温及其变化

8.4.2　基于遥感物候模型的返青期变化气候驱动机理分析

从基于遥感监测的小嵩草高寒草甸返青期的模型参数上可以进一步看出，日均温度在 -30℃ ~0℃区间内的冷激速度最快（参见图 7.10），冷激作用的温度范围与地面物候模型相比较窄；其驱动单元作用规律与地面观测模拟结果相似（参见图 7.11），只是驱动起始作用温度更高（ -12℃ ~ 25℃范围内，驱动单元增加最快）。

从小嵩草返青期模型参数可以看出，从休眠期至返青期，冷激积温作用和驱动积温作用的贡献主要表现为冷激单元和驱动单元分别在冷激积温作用时间段（$t_0 \sim t_c$）和驱动积温作用时间段（$t_1 \sim t_b$）内的累积效果；冷激积温和驱动积温存在很长一段共同作用期（参见图 7.12）。1982—2011 年青藏高原各气象站点冷激作用和驱动作用时间段内的日均温度分别升高了 0.591℃/10 年和 0.451℃/10 年（见图 8.12 和图 8.13）

1982—2011 年各站点冷激作用时间段内日均温度在 -30℃ ~0℃的日期数减少了 2.96 天/10 年（见图 8.14），驱动作用时间段内日均温度大于 -12℃的日期数增加了 1.36 天/10 年（见图 8.15）。

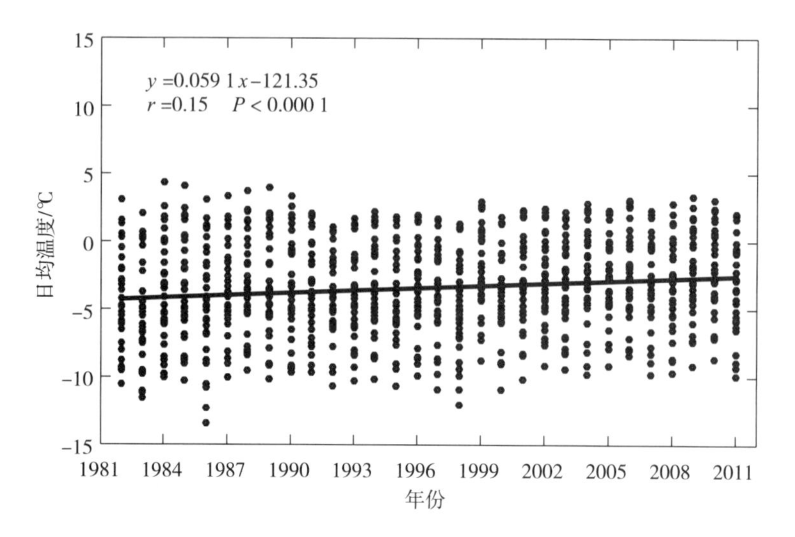

图 8. 12 各站点 1982—2011 年冷激作用时间段日均温度及其变化趋势

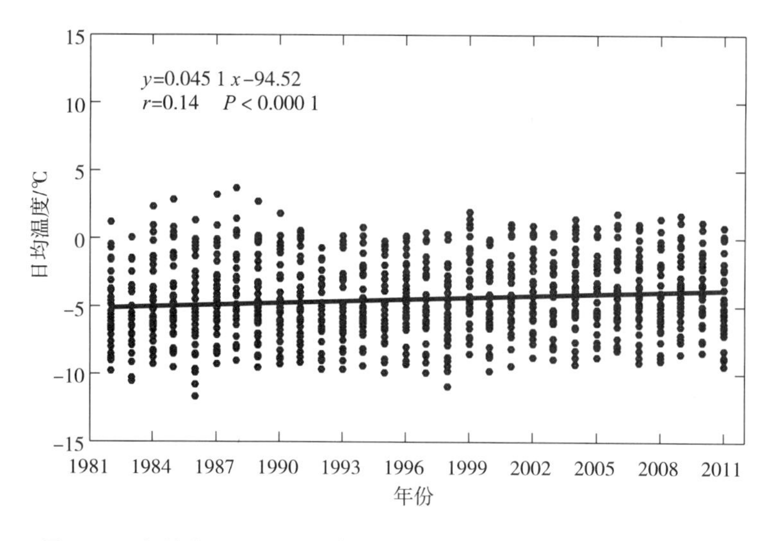

图 8. 13 各站点 1982—2011 年驱动作用时间日均温度及其变化趋势

由于冷激单元作用在 −30℃ ~0℃ 的日期数呈减少趋势，冷激积温作用在减弱（见图 8. 16），减弱了 2. 97/10 年，这表明近年来冷激作用受到抑制，使植被经历的抗寒锻炼的时间不足，从而导致返青期延后；同时，

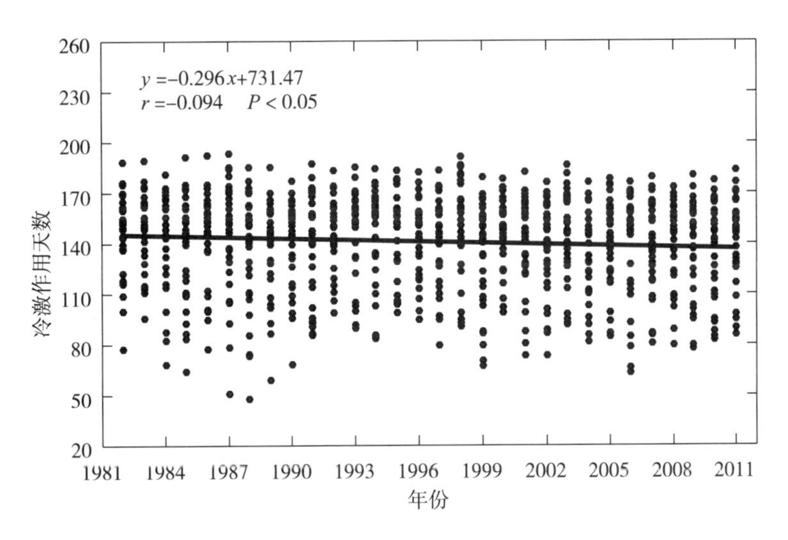

图 8.14 1982—2011 年各站点冷激作用时间日均温度在 -30℃～0℃的日期数及其变化趋势

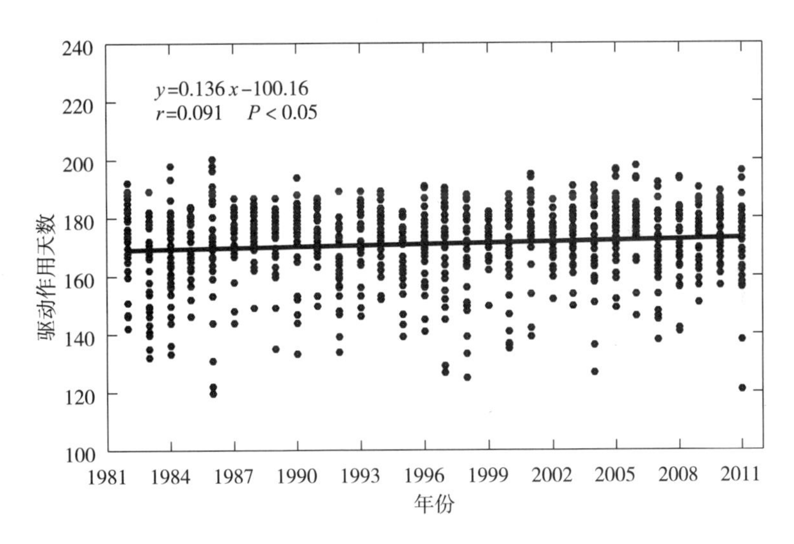

图 8.15 1982—2011 年各站点驱动作用时间日均温度大于 -12℃的日期数及其变化趋势

驱动单元在大于 -12℃之后的作用日数亦呈增加趋势，同时由于驱动单元作用时段的温度在升高，因此其累计的驱动积温作用在增强（见图 8.17），增多了 0.596/10 年，从而使其驱动作用增强，最终导致植被返青期提前。本试验模型模拟的 1982—2011 年青藏高原小嵩草高寒草甸的返青期呈提前趋势，说明驱动作用时间段内日均温度升高的贡献大于冷激作用时间段内日均温度升高的贡献，即冬春变暖（驱动作用主要发生在冬春季节）是引起青藏高原小嵩草高寒草甸返青期提前的主要原因。

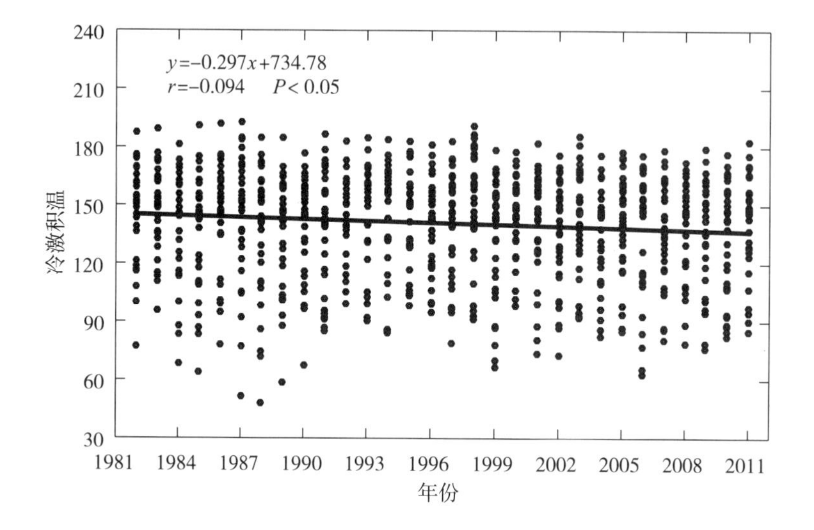

图 8.16　1982—2011 年各站点冷激积温及其变化

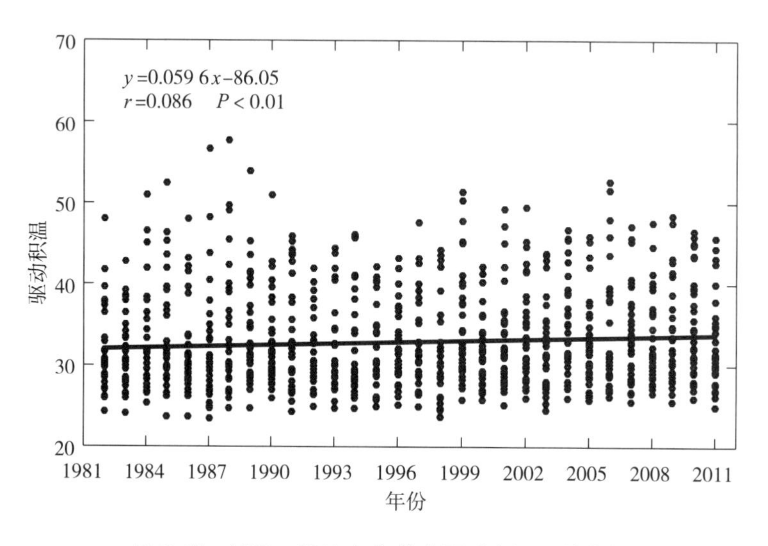

图 8.17　1982—2011 年各站点驱动积温及其变化

基于地面物候模型和遥感物候模型进行的1982—2011年青藏高原小嵩草高寒草甸返青期变化及其气候驱动机理均表明，小嵩草高寒草甸各站点的驱动积温作用在增强，冷激积温作用在减弱，这主要是由于1982—2011年青藏高原地区的气温在升高，尤其是冬春气温升高，虽使小嵩草高寒草甸不能经历足够的抗寒锻炼，但温度升高导致其驱动作用的增强幅度大于冷激作用受抑制的幅度，从而使小嵩草高寒草甸的返青期出现提前趋势。

尽管基于地面数据和遥感数据建立的小嵩草高寒草甸物候模型参数有所差别，但两套模型反映的物候机理一致：受青藏高原高寒环境影响，在休眠期和静止期内，冷激温度作用和驱动温度作用时间均较长，且具有较长的共同作用期，以保证在返青前经历充分的抗寒锻炼和驱动发育过程。

无论是在返青期变化趋势上，还是在物候机理上，地面物候观测结果与遥感监测模型结果都体现出较好的一致性，这说明，采用基于遥感监测的物候机理模型，可有效表征小嵩草高寒草甸返青期的变化情况，据此既可实现物候研究在空间尺度由有限地面站点向大范围遥感监测区域的拓展，进而实现从植物物种水平到群落或生态系统水平研究的扩展；又可实现在时间尺度由有限年份遥感/地面物候数据向历史年份、未来年份的拓展，克服某些年份数据缺失的影响，从而有效发挥物候模型在高寒植被气候、物候研究中的积极作用。

8.5 结论与展望

本书第六、七、八章旨在针对青藏高原高寒植被返青期变化趋势的争议，结合多种手段开展其返青期变化的综合分析，并从物候机理上对其进行解释，争取为客观评价高寒植被物候变化机理提供参考。为保证研究结果的客观、全面，实验采取以下方法来提高研究结果的可靠性：

（1）综合运用地面观测、遥感监测和模型模拟三种手段研究青藏高原高寒植被返青期变化，通过对不同手段所得结果之间的互相验证，克服单一手段研究带来的不确定性。

（2）分别基于地面、遥感数据建立通用物候模型，定量分析冷激作用和驱动作用对青藏高原高寒草甸返青期的影响，从物候机理层面对返青期变化作出解释，并实现两套物候模型间的互相验证。

（3）在物候模型基础上，通过蒙特卡洛模拟法研究不同温度情景下的返青期变化，从物候机理角度定量分析四季温度变化对返青期变化的影响，确定影响高寒植被返青期的主要因素，评估 1982—2011 年青藏高原小嵩草高寒草甸返青期的变化趋势及成因，拓展物候模型的应用范围，避免基于有限的物候、气候数据源可能带来的对返青期变化趋势的误判。

基于地面观测和遥感监测的返青期变化均呈提前趋势，基于地面和基于遥感监测的物候模型反映的青藏高原小嵩草高寒草甸的物候机理一致，蒙特卡洛模拟法分析的两套模型中返青期对四季温度变化的敏感性结论一致：即冬春季变暖使返青期提前，秋季温度变暖使返青期延后，夏季对返青期变化影响甚微；地面物候模型和遥感物候模型的气候驱动机理一致，即气候变暖，尤其是冬春季变暖使冷激积温作用减弱，使驱动积温作用增强，并且驱动作用增强的幅度大于冷激作用减弱的幅度，从而导致青藏高原小嵩草高寒草甸的返青期呈提前趋势。

上述实验综合气象数据、地面物候观测数据、遥感数据和物候模型，从机理上阐明了 1982—2011 年青藏高原小嵩草高寒草甸返青期的变化趋势及其主要原因，克服了单一数据源可能带来的返青期变化趋势评价不全面的问题；同时，通过物候模型获得了各种温度变化情景下高寒草甸返青期的变化趋势及其概率，实现了物候监测与气候变化研究之间的定量关联，有望在此基础上进行物候、气候研究的互补及相互验证。但是，由于仅局限于对温度模型进行分析，青藏高原小嵩草高寒草甸返青期的变化还可能与其他气象、水文信息相关，如降水、雪融化、冻土等，在后续研究中，可在此基础上将更多气候因素引入物候模型中，实现物候模型的细化，从而综合分析各种气候和环境因素对植被返青期的影响。此外，随着地面物候观测、气象观测数据的不断积累，以及遥感数据空间分辨率的不断提高，可进一步修正物候模型参数，并针对不同植被建立模型参数库，探索物候模型在更大时间、空间范围内应用的可行性。

参考文献

英文参考文献

[1] Ahas R, Jaagus J, Aasa A. The phenological calendar of Estonia and its correlation with mean air temperature [J]. International Journal of Biometeorology, 2000, 44 (4): 159 - 166.

[2] Badeck F W, Bondeau A, Böttcher K, et al. Responses of spring phenology to climate change [J]. New Phytologist, 2004, 162 (2): 295 - 309.

[3] Baldocchi D, Falge E, Wilson K. A spectral analysis of biosphere - atmosphere trace gas flux densities and meteorological variables across hour to multi - year time scales [J]. Agricultural and Forest Meteorology, 2001, 107 (1): 1 - 27.

[4] Beck P S A, Atzberer C, Høgda K A, et al. Improved monitoring of vegetation dynamics at very high latitudes: a new method using MODIS NDVI [J]. Remote Sensing of Environment, 2006, 100 (3): 321 - 334.

[5] Bolmgren K, Cowan P D. Time - size tradeoffs: a phylogenetic comparative study of flowering time, plant height and seed mass in a north - temperate flora [J]. Oikos, 2008, 117 (3): 424 - 429.

[6] Bradley E, Roberts D, Still C. Design of an image analysis website for phenoogical and meteorological monitoring [J]. Environmental Modelling & Software, 2010, 25 (1): 107 - 116.

[7] Brown T B, Hultine K R, Steltzer H, et al. Using phenocams to monitor our changing Earth: toward a global phenocam network [J]. Featured in Frontiers in Ecology and the Environment, 2016, 14 (2): 84 - 93.

[8] Browning D M, Karl J W, Morin D, et al. Phenocams bridge the gap between field and satellite observations in an arid grassland ecosystem [J]. Remote Sensing, 2017, 9 (10): s9101071.

[9] Cannell M G R, Smith R I. Thermal time, chill days and prediction of budburst in picea sitchensis [J]. Journal of Applied Ecology, 1983, 20 (3): 951 -963.

[10] Cao R Y, Chen J, Shen M G, et al. An improved logistic method for detecting spring vegetation phenology in grasslands from MODIS EVI time - series data [J]. Agricultural and Forest Meteorology, 2015, 200: 9 -20.

[11] Cesaraccio C, Spano D, Snyder R L, et al. Chilling and forcing model to predict bud - burst of crop and forest species [J]. Agricultural and Forest Meteorology, 2004, 126 (1 -2): 1 -13.

[12] Chen H, Zhu Q A, Wu N, et al. Delayed spring phenology on the Tibetan Plateau may also be attributable to other factors than winter and spring warming [J]. Proceedings of National Academy of Science of the United States of America, 2011, 108 (19): E93.

[13] Chen J, Jönsson P, Tamura M, et al. A simple method for reconstructing a high - quality NDVI time - series data set based on the Savitzky - Golay filter [J]. Remote Sensing of Environment, 2004, 91 (3 -4): 332 - 344.

[14] Chen X Q, Tan Z J, Schwartz M D, et al. Determining the growing season of land vegetation on the basis of plant phenology and satellite data in Northern China [J]. International Journal of Biometeorology, 2000, 44 (2): 97 -101.

[15] Chmielewski F M, Rötzer T. Response of tree phenology to climate change across Europe [J]. Agricultural and Forest Meteorology, 2001, 108 (2): 101 -112.

[16] Chuine I. A unified model for budburst of trees [J]. Journal of Theoretical Biology, 2000, 207 (3): 337 -347.

[17] Chuine I, Cour P. Climatic determinants of budburst seasonality in four temperate – zone tree species [J]. New Phytologist, 1999, 143 (2): 339 – 349.

[18] Chuine I, Yiou P, Viovy N, et al. Historical phenology: Grape ripening as a past climate indicator [J]. Nature, 2004, 432: 289 – 290.

[19] Cong N, Wang T, Nan H J, et al. Changes in satellite – derived spring vegetation green – up date and its linkage to climate in China from 1982 to 2010: a multimethod analysis [J]. Global Change Biology, 2013, 19 (3): 881 – 891.

[20] Delbart N, Toan T L, Kergoat L, et al. Remote sensing of spring phenology in boreal regions: A free of snow – effect method using NOAA – AVHRR and SPOT – VGT data (1982 – 2004) [J]. Remote Sensing of Environment, 2006, 101 (1): 52 – 62.

[21] Dong M Y, Jiang Y, Zheng C T, et al. Trends in the thermal growing season throughout the Tibetan Plateau during 1960 – 2009 [J]. Agricultural and Forest Meteorology, 2012, 166 – 167 (15): 201 – 206.

[22] Dragoni D, Schmid H P, Wayson C A, et al. Evidence of increased net ecosystem productivity associated with a longer vegetated season in a deciduous forest in south – central Indiana, USA [J]. Global Change Biology, 2011, 17 (2): 886 – 897.

[23] Duchemin B, Goubier J, Courrier G. Monitoring phenological key stages and cycle duration of temperate deciduous forest ecosystems with NOAA/AVHRR data [J]. Remote Sensing of Environment, 1999, 67 (1): 68 – 82.

[24] Fan D Q, Zhu W Q, Zheng Z T, et al. Change in the green – up dates for Quercus mongolica in Northeast China and its climate – driven mechanism from 1962 to 2012 [J]. PLOS ONE, 2015, 10 (6): e130516.

[25] Fischer A. A model for the seasonal variations of vegetation indices in coarse resolution data and its inversion to extract crop parameters [J]. Remote Sensing of Environment, 1994, 48 (2): 220 – 230.

[26] Fisher J I, Mustard J F, Vadeboncoeur M A. Green leaf phenology at Landsat resolution: scaling from the field to the satellite [J]. Remote Sensing of Environment, 2006, 100 (2): 265 –279.

[27] Fisher J I, Richardson A D, Mustard J F. Phenology model from surface meteorology does not capture satellite – based greenup estimations [J]. Global Change Biology, 2007, 13 (3): 707 –721.

[28] Fontes J, Gastellu – Etchegorry J P, Amram O, et al. A global phenological model of the African continent [J]. Ambio, 1995, 24 (5): 297 – 303.

[29] Garrity S R, Vierling L A, Bickford K. A simple filtered photodiode instru – ment for continuous measurement of narrowband NDVI and PRI over vegetated canopies [J]. Agricultural and Forest Meteorology, 2010, 150 (3): 489 –496.

[30] Goetz S J, Bunn A G, Fiske G J, et al. Satellite – observed photosynthetic trends across boreal North America associated with climate and fire disturbance [J]. Proceedings of the National Academies of Science, 2005, 102 (38): 13521 –13525.

[31] Gordo O, Sanz J J. Phenology and climate change: a long – term study in a Mediterranean locality [J]. Global Change Ecology, 2005, 146 (3): 484 –495.

[32] Goulden M L, Munger J W, Fan S M, et al. Exchange of carbon – dioxide by a deciduous forest: response to interannual climate variability [J]. Science, 1996, 271 (5255): 1576 –1578.

[33] Hänninen H. Effects of climatic change on trees from cool and temperate regions: an ecophysiological approach to modeling of bud burst phenology [J]. Canadian Journal of Botany, 1995, 73 (2): 183 –199.

[34] Hänninen H. Modelling bud dormancy release in trees from cool and temperate regions [J]. Acta Forestalia Fennica, 1990, 213: 1 –47.

[35] Hänninen H, Kellomäki S, Laitinen K, et al. Effect of increased winter temperature on the onset of height growth of Scots pine: a field test of a

phenological model [J]. Silva Fennica, 1993, 27 (4): 251 -257.

[36] Huete A R, Liu H Q, Batchily K, et al. A comparison of vegetation indices over a global set of TM images for EOS - MODIS [J]. Remote Sensing of Environment, 1997, 59 (3): 440 -451.

[37] Hufkens K, Friedl M, Sonnentag O, et al. Linking near - surface and satellite remote sensing measurements of deciduous broadleaf forest phenology [J]. Remote Sensing of Environment, 2012, 117: 307 -321.

[38] Hunter A F, Lechowicz M J. Predicting the time of budburst in temperate trees [J]. Journal of Applied Ecology, 1992, 29 (3): 597 -604.

[39] Ide R, Oguma H. Use of digital cameras for phenological observations [J]. Ecological Informatics, 2010, 5 (5): 339 -347.

[40] IPCC (Intergovernmental Panel on Climate Change). Climate change 2007: the physical science basis [M]. Cambridge, UK: Cambridge University Press, 2007.

[41] Jakubauskas M E, Legates D R, Kastens J H. Harmonic analysis of time - series AVHRR NDVI data [J]. Photogrammetric Engineering & Remote Sensing, 2001, 67: 461 -470.

[42] Jenkins J P, Braswell B H, Frolking S E, et al. Detecting and predicting spatial and interannual patterns of temperate forest springtime phenology in the eastern US [J]. Geophysical Research Letters, 2002, 29 (24): 51 - 54.

[43] Jeong S J, Ho C H, Gim H J, et al. Phenology shifts at start vs. end of growing season in temperate vegetation over the Northern Hemisphere for the period 1982 - 2008 [J]. Global Change Biology, 2011, 17 (7): 2385 -2399.

[44] Jiang Z Y, Huete A R, Didan K, et al. Development of a two - band enhanced vegetation index without a blue band [J]. Remote Sensing of Environment, 2008, 112 (10): 3833 -3845.

[45] Jolly W M, Nemani R, Running S W. A generalized, bioclimatic index to predict foliar phenology in response to climate [J]. Global Change Biol-

ogy, 2005, 11 (4): 619 - 632.

[46] Jönsson P, Eklundh L. TIMESAT—a program for analyzing time - series of satellite sensor data [J]. Computers & Geosciences, 2004, 8 (30): 833 - 845.

[47] Jönsson P, Eklundh L. Seasonality extraction by function fitting to time - series of satellite sensor data [J]. IEEE Transactions on Geoscience and Remote Sensing, 2002, 40 (8): 1824 - 1832.

[48] Kang S, Running S W, Lim J H, et al. A regional phenology model for detecting onset of greenness in temperate mixed forests, Korea: an application of MODIS leaf area index [J]. Remote Sensing of Environment, 2003, 86 (2): 232 - 242.

[49] Kirkpatrick S, Gelatt C D, Vecchi M P. Optimization by simulated annealing [J]. Science, 1983, 220 (4598): 671 - 680.

[50] Kobayashi K D, Fuchigami L H, English M J. Modelling temperature requirements for rest development in cornus sericea [J]. Journal of the American Society, 1982, 107: 914 - 918.

[51] Kramer K. Selecting a model to predict the onset of growth of Fagus sylvatica [J]. Journal of Applied Ecology, 1994, 31 (1): 172 - 181.

[52] Kramer K. Modelling comparison to evaluate the importance of phenology for the effects of climate change on growth of temperate - zone deciduous trees [J]. Climate Research, 1995, 5 (2): 119 - 130.

[53] Kramer K, Leinonen I, Loustau D. The importance of phenology for the evaluation of impact of climate change on growth of boreal, temperate and Mediterranean forests ecosystems: an overview [J]. International Journal of Biometeorology, 2000, 44 (2): 67 - 75.

[54] Kurc S A, Benton L M. Digital image - derived greenness links deep soil moisture to carbon uptake in a creosotebush - dominated shrubland [J]. Journal of Arid Environments, 2010, 74 (5): 585 - 594.

[55] Lack A J. Competition for pollinators in the ecology of Centaurea scabiosa L. and Centaurea nigra L. I. variation in flowering time [J]. New Phytolo-

gist, 1982, 91: 297 – 308.

[56] Landsberg J J. Apple fruit bud development and growth: analysis and an empirical model [J]. Annals of Botany, 1974, 38 (5): 1013 – 1023.

[57] Li Q Y, Xu L, Pan X B, et al. Modeling phenological responses of Inner Mongolia grassland species to regional climate change [J]. Environmental Research Letters, 2016 (11): 15001 – 15002.

[58] Li R P, Zhou G S. A temperature – precipitation based leafing model and its application in Northeast China [J]. PLoS One, 2012, 7 (4): e33192.

[59] Liang B, Liu S H. Measurement of vegetation parameters and error analysis based on Monte Carlo method [J]. Journal of Geographical Sciences, 2018, 28 (6): 819 – 832.

[60] Liu B H, Henderson M, Zhang Y D, et al. Spatiotemporal change in China's climatic growing season: 1955 – 2000 [J]. Climatic Change, 2010 (99): 93 – 118.

[61] Liu H Q, Huete A. A feedback based modification of the NDVI to minimize canopy background and atmospheric noise [J]. IEEE Transactions on Geoscience and Remote Sensing, 1995, 33 (2): 457 – 465.

[62] Liu Q, Piao S L, Janssens I A, et al. Extension of the growing season increases vegetation exposure to frost [J]. Nature Communications, 2018 (9): 1 – 8.

[63] Liu X D, Chen B D. Climatic warming in the Tibetan Plateau during recent decades [J]. International Journal of Climatology, 2000, 20 (14): 1729 – 1742.

[64] Lloyd D. A Phenological classification of terrestrial vegetation cover using shortwave vegetation index imagery [J]. International Journal of Remote Sensing, 1990, 11 (12): 2269 – 2279.

[65] Luterbacher J, Liniger M A, Menzel A, et al. Exceptional European warmth of autumn 2006 and winter 2007: Historical context, the underlying dynamics, and its phenological impacts [J]. Geophysical Research

Letters, 2007, 34 (12): L12704, 1 -6.

[66] Ma M G, Veroustraete F. Reconstructing pathfinder AVHRR land NDVI time - series data for the Northwest of China [J]. Advances in Space Research, 2006, 37: 835 -840.

[67] Mazer S J. Seed mass of Indiana Dune genera and families: taxonomic and ecological correlates [J]. Evolutionary Ecology, 1990, 4 (4): 326 - 357.

[68] Melaas E K, Friedl M A, Richardson A D. Multiscale modeling of spring phenology across Deciduous Forests in the Eastern United States [J]. Global Change Biology, 2016, 22 (2): 792 -805.

[69] Menzel A. Plant phenological anomalies in Germany and their relation to air temperature and NAO [J]. Climatic Change, 2003, 57 (3): 243 - 263.

[70] Menzel A, Fabian P. Growing season extended in Europe [J]. Nature, 1999, 397: 659.

[71] Menzel A, Sparks T H, Estrella N, et al. Altered geographic and temporal variability in phenology in response to climate change [J]. Global Ecology and Biogeography, 2006, 15 (5): 498 -504.

[72] Meyra A G, Zarragoicoechea G J, Kuz V A. Vegetation patterns in limited resource ecosystems: a statistical mechanics model and Monte Carlo simulations [J]. Molecular Physics: An International Journal at the Interface Between Chemistry and Physics, 2012, 110 (3): 173 -178.

[73] Migliavacca M, Galvagno M, Cremonese E, et al. Using digital repeat photography and eddy covariance data to model grassland phenology and photosynthetic CO_2 uptake [J]. Agricultural and Forest Meteorology, 2011, 151 (10): 1325 -1337.

[74] Millán E N, Goirán S, Forconesi L, et al. Monte Carlo model framework to simulate settlement dynamics [J]. Ecological Informatics, 2016, 36: 135 - 144.

[75] Mohren G M J. Simulation of forest growth, applied to Douglas fir stands

in the Netherlands: [D] Wageningen Agricultural University, 1987.
[76] Mohren G M J. ModellIng Norway spruce growth in relation to site conditions and atmosphenc CO_2. In. Veroustraete F, Ceulemans R (eds) vegetation, modelling and cllmate change effects [J]. SPB Academic Publishing, The Hague, 1994: 7 - 22.
[77] Morin X, Lechowicz M J, Augspurger C, et al. Leaf phenology in 22 North American tree species during the 21st century [J]. Global Change Biology, 2009, 15 (4): 961 - 975.
[78] Moulin S, Kergoat L, Viovy N, et al. Global - scale assessment of vegetation phenology using NOAA AVHRR satellite measurements [J]. Journal of Climate, 1997, 10 (6): 1154 - 1170.
[79] Murray M B, Cannell M G R, Smith R I. Date of budburst of fifteen tree species in Britain following climatic warming [J]. Journal of Applied Ecology, 1989, 26 (2): 693 - 700.
[80] Myneni R B, Keeling C D, Tucker C J, et al. Increased plant growth in the northern high latitudes from 1981 to 1991 [J]. Nature, 1997, 386: 698 - 702.
[81] Nagai S, Inoue T, Ohtsuka T, et al. Uncertainties involved in leaf fall phenology detected by digital camera [J]. Ecological Informatics, 2015, 30: 124 - 132.
[82] Nelson E A, Lavender D P. The chilling requirement of western hemlock seedlings [J]. Society of American Foresters, 1979, 25 (3): 485 - 490.
[83] Oberrath R, Böhning - Gaese K. Phenological adaptation of ant - dispersed plants to seasonal variation in ant activity [J]. Ecology, 2002, 83 (5): 1412 - 1420.
[84] Oku Y, Ishikawa H, Haginoya H, et al. Recent trends in land surface temperature on the Tibetan Plateau [J]. Journal of Climate, 2006, 19: 2995 - 3003.
[85] Parmesan C. Influences of species, latitudes and methodologies on esti-

mates of phenological response to global warming [J]. Global Change Biology, 2007, 13 (9): 1860 - 1872.

[86] Parmesan C, Yohe G. A globally coherent fingerprint of climate change impacts across natural systems [J]. Nature, 2003, 421: 37 - 42.

[87] Peñuelas J, Filella I, Comas P. Changed plant and animal life cycles from 1952 to 2000 in the Mediterranean region [J]. Global Change Biology, 2002, 8 (6): 531 - 544.

[88] Peñuelas J, Rutishauser T, Filella I. Phenology feedbacks on climate change [J]. Science, 2009, 324 (5929): 887 - 888.

[89] PhenoAlp Team. Protocol for Phenological and vegetation sampling on alpine grasslands pheno web site, 2010.

[90] Piao S L, Ciais P, Friedlingstein P, et al. Net carbon dioxide losses of northern ecosystems in response to autumn warming [J]. Nature, 2008, 451: 49 - 52.

[91] Piao S L, Liu Q, Chen A P, et al. Plant phenology and global climate change: current progresses and challenges [J]. Global Change Biology, 2019, 25 (6): 1922 - 1940.

[92] Piao S L, Fang J Y, Zhouu L M, et al. Variations in satellite - derived phenology in China's temperate vegetation [J]. Global Change Biology, 2006, 12 (4): 672 - 685.

[93] Polgar C A, Primack A B. Leaf out phenology in temperate forests Biodiversity Science, 2013, 21 (1): 111 - 116.

[94] Post E, Stenseth N C. Climatic variability, plant phenology, and northern ungulates [J]. Ecology, 1999, 80 (4): 1322 - 1339.

[95] Rabinowitz D, Rapp J K, Sork V L, et al. Phenological properties of wind - and insect - pollinated prairie plants [J]. Ecology, 1981, 62 (1): 49 - 56.

[96] Rathcke B, Lacey E P. Phenological patterns of terrestrial plants [J]. Annual Review of Ecology and Systematics, 1985, 16: 179 - 214.

[97] Reed B C, Brown J F. Trend analysis of time - series phenology derived

from satellite data [J]. IEEE Analysis of Multi – temporal Remote Sensing Image, 2005, 5: 166 – 168.

[98] Reed B C, Brown J F, Vanderzee D, et al. Measuring phenological variability from satellite imagery [J]. Journal of Vegetation Science, 1994, 5 (5): 703 – 714.

[99] Richardson A D, Bailey A S, Denny E G, et al. Phenology of a northern hardwood forest canopy [J]. Global Change Biology, 2006, 12 (7): 1174 – 1188.

[100] Richardson A D, Black T A, Ciais P, et al. Influence of spring and autumn phenological transitions on forest ecosystem productivity [J]. Philosophical Transactions of the Royal Society B – Biological Sciences, 2010, 365 (1555): 3227 – 3246.

[101] Richardson A D, Hollinger D Y, Dail D B, et al. Influence of spring phenology on seasonal and annual carbon balance in two contrasting New England forests [J]. Tree Physiology, 2009, 29 (3): 321 – 331.

[102] Richardson A D, Hufkens K, Milliman T, et al. Tracking vegetation phenology across diverse North American biomes using PhenoCam imagery [J]. Scientific Data, 2018, 5: 180028.

[103] Richardson A D, Hufkens K, Milliman T, et al. Intercomparison of phenological transition dates derived from the PhenoCam Dataset V1. 0 and MODIS satellite remote sensing [J]. Scientific Reports, 2018 (8): 5679.

[104] Richardson A D, Jenkins J P, Braswell B H, et al. Use of digital webcam images to track spring green – up in a deciduous broadleaf forest [J]. Oecologia, 2007, 152: 323 – 334.

[105] Roerink G J, Menenti M, Verhoef W. Reconstructing cloudfree NDVI composites using fourier analysis of time series [J]. International Journal of Remote Sensing, 2000, 21 (9): 1911 – 1917.

[106] Roetzer T, Wittenzeller M, Haeckel H, et al. Phenology in central Europe – differences and trends of spring phenophases in urban and rural ar-

eas [J]. International Journal of Biometeorology, 2000, 44 (2): 60 - 66.

[107] Root T L, Price J T, Hall K R, et al. Fingerprints of global warming on wild animals and plants [J]. Nature, 2003, 421: 57 - 60.

[108] Rosenzweig C, Casassa G, Karoly D J. Assessment of observed changes and responses in natural and managed systems [M]. New York: Cambridge University Press, 2007.

[109] Ryu Y, Baldocchi D D, Verfaillie J, et al. Testing the performance of a novel spectral reflectance sen - sor, built with light emitting diodes (LEDs), to monitor ecosystem metabolism, structure and function [J]. Agricultural and Forest Meteorology, 2010, 150 (12): 1597 - 1606.

[110] Saitoh T M, Nagai S, Saigusa N, et al. Assessing the use of camera - based indices for characterizing canopy phenology in relation to gross primary production in a deciduous broad - leaved and an evergreen coniferous forest in Japan [J]. Ecological Informatics, 2012, 11: 45 - 54.

[111] Sakamoto T, Yokozawa M, Toritani H, et al. A crop phenology detection method using time - series MODIS data [J]. Remote Sensing of Environment, 2005, 96 (3 - 4): 366 - 374.

[112] Sarvas R. Investigations on the annual cycle of development of forest trees. II. Autumn dormancy and winter dormancy [J]. Communicationes Instituti Forestalis Fenniae, 1974, 84: 1 - 101.

[113] Savitzky A, Golay M J E. Smoothing and differentiation of data by simplified least squares procedures [J]. Analytical Chemistry, 1964, 36 (8): 1627 - 1639.

[114] Schultz P A, Halpert M S. Global correlation of temperature, NDVI and precipitation [J]. Advances in Space Research, 1993, 13 (5): 277 - 280.

[115] Schwartz M D. Green - wave phenology [J]. Nature, 1998, 394: 839 - 840.

[116] Schwartz M D, Ahas R, Aasa A. Onset of spring starting earlier across

the Northern Hemisphere [J]. Global Change Biology, 2006, 12 (2): 343 - 351.

[117] Schwartz M D, Reed B C, White M A. Assessing satellite derived start - of - season measures in the coterminous USA [J]. International Journal of Climatology, 2002, 22 (14): 1793 - 1805.

[118] Scurlock J M O, Hall D O. The global carbon sink - a grassland perspective [J]. Global Change Biology, 1998, 4 (2): 229 - 233.

[119] Sha Z, Zhong J, Bai Y, et al. Spatio - temporal patterns of satellite - derived grassland vegetation phenology from 1998 to 2012 in Inner Mongolia, China [J]. Journal of Arid Land, 2016, 8 (3): 462 - 477.

[120] Shabanov N V, Zhou L M, Knyazikhin Y, et al. Analysis of interannual changes in northern vegetation activity observed in AVHRR data from 1981 to 1994 [J]. IEEE Transactions on Geoscience and Remote Sensing, 2002, 40 (1): 115 - 130.

[121] Shinoda M, Ito S, Nachinshonhor G U. Phenology of Mongolian grasslands and moisture conditions [J]. Journal of the Meteorological Society of Japan, 2007, 85 (3): 359 - 367.

[122] Snyder K A, Wehan B L, Filippa G, et al. Extracting plant phenology metrics in a Great Basin Watershed: methods and considerations for quantifying phenophases in a cold desert [J]. Sensors, 2016, 16 (11): 1948.

[123] Snyder K A, Huntington J L, Wehan B L, et al. Comparison of landsat and land - based phenology camera Normalized Difference Vegetation Index (NDVI) for dominant plant communities in the Great Basin [J]. Sensors, 2019, 19 (5): 1139.

[124] Snyder R L, Spano D, Duce P, et al. Temperature data for phenological models [J]. International Journal of Biometeorology, 2001, 45 (4): 178 - 183.

[125] Sonnentag O, Detto M, Vargas R, et al. Tracking the structural and functional development of a perennial pepperweed (Lepidium latifolium

L.) infestation using a multi - year archive of webcam imagery and eddy covariance measurements [J]. Agricultural and Forest Meteorology, 2011, 151: 916 -926.

[126] Sonnentag O, Hufkens K, Teshera - Sterne C, et al. Digital repeat photography for phenological research in forest ecosystems [J]. Agricultural and Forest Meteorology, 2012, 152: 159 - 177.

[127] Soudani K, Hmimina G, Delpierre N, et al. Ground - based Network of NDVI measurements for tracking temporal dynamics of canopy structure and vegetation phenology in different biomes [J]. Remote Sensing of Environment, 2012, 123: 234 -245.

[128] Sparks T H, Menzel A. Observed changes in seasons: an overview [J]. International Journal of Climatology, 2002, 22 (14): 1715 -1725.

[129] Steinbrunn M, Moerkotte G, Kemper A. Heuristic and randomized optimization for the join ordering problem [J]. The VLDB Journal, 1997, 3 (6): 8 -17.

[130] Stöckli R, Vidale P L. European plant phenological and climate as seen in a 20 - year AVHRR land - surface parameter dataset [J]. International Journal of Remote Sensing, 2004, 25 (17): 3303 -3330.

[131] Tao J, Zhang Y J, Dong J W, et al. Elevation - dependent relationships between climate change and grassland vegetation variation across the Qinghai - Xizang Plateau [J]. International Journal of Climatology, 2015, 35 (7): 1638 -1647.

[132] Tateishi R, Ebata M. Analysis of phenological change patterns using 1982 - 2000 Advanced Very High Resolution Radiometer (AVHRR) data [J]. International Journal of Remote Sensing, 2004, 25 (12): 2287 -2300.

[133] Toomey M, Friedl M A, Frolking S, et al. Greenness indices from digital cameras predict the timing and seasonal dynamics of canopy - scale photosynthesis [J]. Ecological Applications, 2015, 25 (1): 99 - 115.

[134] Valentine H T. Budbreak and leaf growth functions for modeling herbivory in some gypsy moth hosts [J]. Forest Science, 1983, 29 (3): 607 - 617.

[135] Van Schaik C P, Terborgh J W, Wright S J. The phenology of tropical forests: adaptive significance and consequences for primary consumers [J]. Annual Review of Ecology and Systematics, 1993, 24: 353 - 377.

[136] Vegis A. Dormancy in higher plants [J]. Annual Review of Plant Physiology, 1964, 15: 185 - 224.

[137] Veihe A, Quinton J. Sensitivity analysis of EUROSEM using Monte Carlo simulation I: hydrological, soil and vegetation parameters [J]. Hydrological Processes, 2000, 14 (5): 915 - 926.

[138] Wagenseil H, Samimi C. Assessing spatio - temporal variations in plant phenology using Fourier analysis on NDVI time series: results from a dry savannah environment in Namibia [J]. International Journal of Remote Sensing, 2006, 27 (16): 3455 - 3471.

[139] Walther A, Linderholm H W. A comparison of growing season indices for the Greater Baltic Area [J]. International Journal of Biometeorology, 2006, 51 (2): 107 - 118.

[140] Walther G R, Burga C A, Edwards P J. "Fingerprints" of climate change - adapted behaviour and shifting species ranges [M]. New York and London: Kluwer Academic/Plenum Publishers, 2001.

[141] Walther G R, Post E, Convey P, et al. Ecological responses to recent climate change [J]. Nature, 2002, 416 (6879): 389 - 395.

[142] Wang T, Peng S S, Lin X, et al. Declining snow cover may affect spring phenological trend on the Tibetan Plateau [J]. PNAS, 2013, 31 (110): E2854 - E2855.

[143] White M A, Nemani R R. Real - time monitoring and short - term forecasting of land surface phenology [J]. Remote Sensing of Environment, 2006, 104 (1): 43 - 49.

[144] White M A, Nemani R R. Canopy duration has little influence on annual carbon storage in the deciduous broad leaf forest [J]. Global Change Biology, 2003, 9 (7): 967 -972.

[145] White M A, Thornton P E, Running S W. A continental phenology model for monitoring vegetation responses to interannual climatic variability [J]. Global Biogeochemical Cycles, 1997, 11 (2): 217 -234.

[146] Xin J F, Yu Z R, Leeuwen L V, et al. Mapping crop key phenological stages in the North China Plain using NOAA time series images [J]. International Journal of Applied Earth Observation and Geoinformation, 2002, 4 (2): 109 -117.

[147] Xin Q C, Broich M, Zhu P, et al. Modeling grassland spring onset across the Western United States using climate variables and MODIS - derived phenology metrics [J]. Remote Sensing of Environment, 2015, 161: 63 -77.

[148] Xu H, Twine T E, Yang X. Evaluating remotely sensed phenological metrics in a dynamic ecosystem model [J]. Remote Sensing, 2014, 6 (6): 4660 -4686.

[149] Yi S H, Zhou Z Y. Increasing contamination might have delayed spring phenology on the Tibetan Plateau [J]. Proceedings of The National Academy Sciences of The United States of America, 2011, 108 (19): E94.

[150] Yu H Y, Luedeling E, Xu J. Winter and spring warming result in delayed spring phenology on the Tibetan Plateau [J]. Proceedings of National Academy of Science of the United States of America, 2010, 107 (51): 22151 -22156.

[151] Yuan W P, Zhou G S, Wang Y H, et al. Simulating phenological characteristics of two dominant grass species in a semi - arid steppe ecosystem [J]. Ecological Research, 2007, 22 (5): 784 -791.

[152] Zhang G L, Zhang Y J, Dong J W, et al. Green - up dates in the Tibetan Plateau have continuously advanced from 1982 to 2011 [J]. Proceed-

ings of National Academy of Science of the United States of America, 2013, 110 (11): 4309 -4314.

[153] Zhao J B, Zhang Y P, Tan Z H. Using digital cameras for comparative phenological monitoring an evergreen broad - leaved forest and a seasonal rain forest [J]. Ecological Informatics, 2012, 10: 65 -72.

[154] Zhou L M, Tucker C J, Kaufmann R K, et al. Variations in northern vegetation activity inferred from satellite data of vegetation index during 1981 to 1999 [J]. Journal of Geophysical Research, 2001, 106 (D17): 20069 -20083.

[155] Zhu W Q, Pan Y Z, He H. A changing - weight filter method for reconstructing a high - quality NDVI time series to preserve the integrity of vegetation phenology [J]. IEEE Transactions on Geoscience and Remote Sensing, 2012, 50 (4): 1085 -1094.

[156] Zhu W Q, Tian H Q, Xu X F, et al. Extension of the growing season due to delayed autumn over mid and high latitudes in North America during 1982 - 2006 [J]. Global Ecology and Biogeography, 2012, 21 (2): 260 -271.

中文参考文献

[157] 毕思文．全球变化与地球系统科学统一研究的最佳天然实验室——青藏高原 [J]. 系统工程理论与实践，1997 (5): 72 -77.

[158] 曾彪．青藏高原植被对气候变化的响应研究（1982—2003）[D]. 兰州：兰州大学，2008.

[159] 陈效逑，李倞．内蒙古草原羊草物候与气象因子的关系 [J]. 生态学报，2009，29 (10): 5280 -5290.

[160] 陈效逑，王林海．遥感物候学研究进展 [J]. 地理科学进展，2009，28 (1): 33 -40.

[161] 陈忠琏．稳健统计（I）[J]. 数理统计与管理，1992 (1): 56 - 62.

［162］丁明军，张镱锂，刘林山，等．青藏高原植物返青期变化及其对气候变化的响应［J］．气候变化研究进展，2011，7（5）：317－323.

［163］范德芹，赵学胜，朱文泉，等．植物物候遥感监测精度影响因素研究综述［J］．地理科学进展，2016，35（3）：304－319.

［164］范德芹，朱文泉，潘耀忠，等．基于狄克松检验的 NDVI 时序数据噪声检测及其在数据重建中的应用［J］．遥感学报，2013，17（5）：1158－1174.

［165］范德芹，朱文泉，赵学胜，等．内蒙古羊草草原返青期遥感识别方法研究［J］．北京师范大学学报（自然科学版），2016，52（5）：639－644.

［166］范德芹，朱文泉，潘耀忠，等．青藏高原小嵩草高寒草甸返青期遥感识别方法筛选［J］．遥感学报，2014，18（5）1 117－1 127.

［167］范瑛，李小雁，李广泳．基于遥感数据的内蒙古草原灌丛物候变化研究［J］．干旱气象，2014（6）：902－908.

［168］冯松．青藏高原十到千年尺度气候变化的综合分析及原因探讨［D］．兰州：中国科学院兰州高原大气物理研究所，1999.

［169］冯松，汤懋苍．未来 30 年和 300 年气候变化趋势预测［M］．广州：广东科技出版社，1998.

［170］符瑜，潘学标．草本植物物候及其物候模拟模型的研究进展［J］．中国农业气象，2011，32（3）：319－325.

［171］龚高法，张丕远，吴祥定．历史时期气候变化研究方法［M］．北京：科学出版社，1983.

［172］辜智慧，陈晋，史培军．锡林郭勒草原 1983—1999 年 NDVI 逐旬变化量与气象因子的相关分析［J］．植物生态学报，2005，29（5）：753－765.

［173］顾娟，李新，黄春林．NDVI 时间序列数据集重建方法述评［J］．遥感技术与应用，2006，21（4）：91－395.

［174］顾润源，周伟灿，白美兰，等．气候变化对内蒙古草原典型植物物候的影响［J］．生态学报，2012，32（3）：767－776.

［175］洪志敏，李强，郝慧．蒙特卡罗方法在一些确定性数学问题中的应

用［J］. 内蒙古工业大学学报，2016，35（2）：99－102.
［176］侯光雷，张洪岩，王野乔，等. 基于时间序列谐波分析的东北地区耕地资源提取［J］. 自然资源学报，2010，25（9）：1607－1617.
［177］侯英雨，张佳华，何延波. 利用遥感信息研究西藏地区主要植被年内和年际变化规律［J］. 生态学杂志，2005，24（11）：1273－1276.
［178］纪文瑶. 内蒙古草原生物量、地下生产力及其与环境因子关系研究［D］. 北京：北京师范大学，2013.
［179］雷占兰，周华坤，刘泽华，等. 气候变化对高寒草甸垂穗披碱草生育期和产量的影响［J］. 中国草地学报，2012，34（5）：10－18.
［180］李博. 我国草地生态研究的成就与展望［J］. 生态学杂志，1992，11（3）：1－7.
［181］李红梅，马玉寿，王彦龙. 气候变暖对青海高原地区植物物候期的影响［J］. 应用气象学报，2010，21（4）：500－505.
［182］李林，陈晓光，王振宇，等. 青藏高原区域气候变化及其差异性研究［J］. 气候变化研究进展，2010，6（3）：181－186.
［183］李林，朱西德，秦宁生. 青藏高原气温变化及其异常类型的研究［J］. 高原气象，2003，22（5）：524－530.
［184］李敏，盛毅. 高斯拟合算法在光谱建模中的应用研究［J］. 光谱学与光谱分析，2008，28（10）：352－2355.
［185］李青丰，李福生，乌兰. 气候变化与内蒙古草地退化初探［J］. 干旱地区农业研究，2002，20（4）：98－102.
［186］李荣平，周广胜，王玉辉，等. 羊草物候特征对气候因子的响应［J］. 生态学杂志，2006，25（3）：277－280.
［187］李爽. 青藏高原气候变化风险源时空特征及综合聚类研究［D］. 北京：北京大学，2011.
［188］李夏子，韩国栋. 内蒙古东部草原优势牧草生长季对气象因子变化的响应［J］. 生态学杂志，2013（4）：987－992.
［189］林振耀，赵昕奕. 青藏高原气温降水变化的空间特征［J］. 中国科学（D辑），1996，26（4）：354－358.

[190] 林忠辉，莫兴国．NDVI 时间序列谐波分析与地表物候信息获取 [J]. 农业工程学报，2006，22（12）：138－144.
[191] 刘军．科学计算中的蒙特卡罗策略 [M]. 北京：高等教育出版社，2009.
[192] 刘晓东，张敏锋，惠晓英，等．青藏高原当代气候变化特征及其对温室效应的响应 [J]. 地理科学，1998，18（2）：113－121.
[193] 陆佩玲，于强，贺庆棠．植物物候对气候变化的响应 [J]. 生态学报，2006，26（3）：923－929.
[194] 马晓芳，陈思宇，邓婕，等．青藏高原植被物候监测及其对气候变化的响应 [J]. 草业学报，2016，25（1）：13－21.
[195] 苗百岭，梁存柱，韩芳，等．内蒙古主要草原类型植物物候对气候波动的响应 [J]. 生态学报，2016（23）：7 689－7 701.
[196] 苗鹭．长春市植物物候对城市地表温度的响应 [D]. 东北师范大学，2009.
[197] 牟敏杰，朱文泉，王伶俐，等．基于通量塔净生态系统碳交换数据的植被物候遥感识别方法评价 [J]. 应用生态学报，2012，23（2）：319－327.
[198] 裴顺祥，郭泉水，辛学兵，等．国外植物物候对气候变化响应的研究进展 [J]. 世界林业研究，2009，22（6）：31－37.
[199] 祁如英，王启兰，申红艳．青海草本植物物候期变化与气象条件影响分析 [J]. 气象科技，2006，34（3）：306－310.
[200] 祁如英，严进瑞，王启兰．青海小叶杨物候变化及其对气候变化的响应 [J]. 中国农业气象，2006，27（1）：41－45.
[201] 秦大河，王绍武，董光荣．中国西部环境演变评估（第一卷）. 中国西部环境特征及其演变 [M]. 北京：科学出版社，2002.
[202] 师桂花．气候变化对锡林郭勒盟典型草原天然牧草物候期的影响 [J]. 中国农学通报，2014（29）：197－204.
[203] 石雅琴，乌兰娜．浅谈园林植物物候期观察的重要性和方法 [J]. 内蒙古林业调查设计杂志，2009，32（1）：69－70.
[204] 宋富强，张一平．动态物候模型发展及其在全球变化研究中的应用

[J]. 生态学杂志，2007，26（1）：115 - 120.

[205] 孙文彩，杨自春，李昆锋. 结构混合可靠度计算的自适应重要性抽样方法 [J]. 华中科技大学学报（自然科学版），2012，40（10）：110 - 113.

[206] 陶澍. 应用数理统计方法 [M]. 北京：中国环境科学出版社，1994.

[207] 陶伟国. 内蒙古草原产草量遥感监测方法研究 [D]. 北京：中国农业科学院，2007.

[208] 佟斯琴. 气候变化背景下内蒙古地区气象干旱时空演变及预估研究 [D]. 长春：东北师范大学，2019.

[209] 王澄海，董文杰，韦志刚. 青藏高原季节性冻土年际变化的异常特征 [J]. 地理学报，2001，56（5）：523 - 531.

[210] 王澄海，靳双龙，吴忠元，等. 估算冻结（融化）深度方法的比较及在中国地区的修正和应用 [J]. 地球科学进展，2009，24（2）：132 - 140.

[211] 王澄海，王芝兰，崔洋. 40 余年来中国地区季节性积雪的空间分布及年际变化特征 [J]. 冰川冻土，2009，32（2）：301 - 310.

[212] 王红说，黄敬峰. 基于 MODIS NDVI 时间序列的植被覆盖变化特征研究 [J]. 浙江大学学报（农业与生命科学版），2009，35（1）：105 - 110.

[213] 王焕炯，戴君虎，葛全胜. 1952—2007 年中国白蜡树春季物候时空变化分析 [J]. 地球科学，2012，42（5）：701 - 710.

[214] 王娟，李宝林，余万里. 近 30 年内蒙古自治区植被变化趋势及影响因素分析 [J]. 干旱区资源与环境，2012（2）：132 - 138.

[215] 王克，薛小超，朱朋海. 非线性方程的多核并行蒙特卡洛求解方法 [J]. 现代计算机（专业版），2014（20）：38 - 44.

[216] 王力，张强. 近 20 年青藏高原典型高寒草甸化草原植物物候变化特征 [J]. 高原气象，2018，37（6）：1528 - 1534.

[217] 王连喜，陈怀亮，李琪，等. 植物物候与气候研究进展 [J]. 生态学报，2010，30（2）：447 - 454.

[218] 王绍令. 青藏高原冻土退化的研究 [J]. 地球科学进展, 1997, 12 (2): 164 - 167.

[219] 王正兴, 刘闯, Huete Alfredo. 植被指数研究进展: 从 AVHRR - NDVI 到 MODIS - EVI [J]. 生态学报, 2003, 23 (5): 979 - 987.

[220] 王植. 基于物候表征的中国东部南北样带上植被动态变化研究 [D]. 北京: 中国林业科学研究院, 2008.

[221] 王植, 刘世荣, 孙鹏森, 等. 基于 NOAA NDVI 研究中国东部南北样带植被春季物候变化 [J]. 光谱学与光谱分析, 2010, 30 (10): 2758 - 2761.

[222] 王植, 周连第, 李红, 等. 基于多年 NOAA NDVI 的中国东部南北样带植被物候变化与降水关系研究 [O]//自然地理学与生态安全学术研讨会, 2012.

[223] 韦志刚, 黄荣辉, 董文杰. 青藏高原气温和降水的年际和年代变化 [J]. 大气科学, 2003, 27 (2): 157 - 170.

[224] 魏艳华, 王丙参, 邢永忠. 对估计圆周率的不同蒙特卡洛模型评价与选择 [J]. 统计与决策, 2019, 35 (17): 9 - 13.

[225] 吴征镒. 中国植被 [M]. 2 版. 北京: 科学出版社, 1995.

[226] 武永峰, 李茂松, 刘布春, 等. 基于 NOAA NDVI 的中国植被绿度始期变化 [J]. 地理科学进展, 2008, 27 (6): 32 - 40.

[227] 向波, 缪启龙, 高庆先. 青藏高原气候变化与植被指数的关系研究 [J]. 四川气象, 2001, 21 (1): 29 - 36.

[228] 谢高地, 张钇锂, 鲁春霞, 等. 中国自然草地生态系统服务价值 [J]. 自然资源学报, 2001, 16 (1): 47 - 53.

[229] 徐斌, 杨秀春, 金云翔. 草原植被遥感监测 [M]. 北京: 科学出版社, 2016.

[230] 闫慧敏, 曹明奎, 刘纪远, 等. 基于多时相遥感信息的中国农业种植制度空间格局研究 [J]. 农业工程学报, 2005, 21 (4): 85 - 90.

[231] 杨晓华, 越晓玲, 娜日斯. 内蒙古典型草原植物物候变化特征及其对气候变化的响应 [J]. 内蒙古草业, 2010, 22 (3): 51 - 56.

[232] 姚檀栋，刘晓东，王宁练. 青藏高原地区的气候变化幅度问题 [J]. 科学通报，2000，45 (1)：98 - 106.
[233] 姚玉璧，张秀云. 亚高山草甸华灰早熟禾对气候变化的响应 [J]. 应用生态学报，2009，20 (2)：285 - 292.
[234] 叶笃正，高由禧. 青藏高原气象学 [M]. 北京：科学出版社，1979.
[235] 于信芳，庄大方. 基于 MODIS NDVI 数据的东北森林物候期监测 [J]. 资源科学，2006，28 (4)：112 - 117.
[236] 余莲. 青藏高原地区气候变化的特征及数值模拟研究 [D]. 兰州大学，2011.
[237] 昝国盛，孙涛. 呼伦贝尔草原植被覆盖变化趋势研究 [J]. 林业资源管理，2011 (1)：44 - 48.
[238] 翟佳，袁凤辉，吴家兵. 植物物候变化研究进展 [J]. 生态学杂志，2015，34 (11)：3237 - 3243.
[239] 张超. 内蒙古植被覆盖变化及其与区域气候相互关系 [D]. 南京信息工程大学，2013.
[240] 张存厚. 内蒙古草原地上净初级生产力对气候变化响应的模拟 [D]. 内蒙古农业大学，2013.
[241] 张峰，吴炳方，刘成林，等. 利用时序植被指数监测作物物候的方法研究 [J]. 农业工程学报，2004，20 (1)：155 - 159.
[242] 张峰，周广胜，王玉辉. 内蒙古克氏针茅草原植物物候及其与气候因子关系 [J]. 植物生态学报，2008，32 (6)：1312 - 1322.
[243] 张福春. 气候变化对中国木本植物物候的可能影响 [J]. 地理学报，1995，50 (5)：402 - 410.
[244] 张宏斌，杨桂霞，吴文斌，等. 呼伦贝尔草原 MODIS NDVI 的时空变化特征 [J]. 应用生态学报，2009，(11)：2 743 - 2 749.
[245] 张家诚. 中国气候总论 [M]. 北京：气象出版社，1991.
[246] 张镱锂，李炳元，郑度. 论青藏高原范围与面积 [J]. 地理研究，2002，21 (1)：1 - 8.
[247] 赵东升，李双成，吴绍洪. 青藏高原的气候植被模型研究进展 [J].

地理科学进展，2006，25（4）：68－78.

[248] 赵海英，黄磊，陆春花，等．用物候指标进行气候调查的初步研究［J］．中国农学通报，2009，25（24）：480－483.

[249] 赵英时．遥感应用分析原理与方法［M］．北京：科学出版社，2003.

[250] 中国国家标准化管理委员会．GB/T 4883－2008 数据的统计处理和解释——正态样本离群值的判断和处理［S］．北京：中国标准出版社，2008.

[251] 中国科学院中国植被图编辑委员会．中国植被图集（1∶100 万）［M］．北京：地质出版社，2007.

[252] 周兴民．中国嵩草草甸［M］．北京：科学出版社，2001.

[253] 朱宏．用样本分位数方法同时检测正态样本多个噪声［J］．数理统计与应用概率，1989，4（1）：30－40.

[254] 朱文琴，陈隆勋，周自江．现代青藏高原气候变化的几个特征［J］．中国科学（D 辑），2001，31（S1）：327－334.

[255] 朱玉祥，丁一汇．青藏高原积雪对气候影响的研究进展和问题［J］．气象科技，2007，35（1）：1－8.

[256] 竺可桢，宛敏渭．物候学［M］．北京：科学出版社，1973.

[257] 竺可桢，宛敏渭．物候学［M］．北京：科学出版社，1980.